AF822904

Indogermanische Sprachwissenschaft

von

Prof. Dr. Hans Krahe

II
Formenlehre

Fünfte Auflage

Sammlung Göschen Band 64

Walter de Gruyter & Co · Berlin 1969

vormals G. J. Göschen'sche Verlagshandlung · J. Guttentag, Verlagsbuchhandlung · Georg Reimer · Karl J. Trübner · Veit & Comp.

©

Copyright 1969 by Walter de Gruyter & Co., vormals G. J. Göschen'sche Verlagshandlung — J. Guttentag, Verlagsbuchhandlung — Georg Reimer — Karl J. Trübner — Veit & Comp., Berlin 30. — Alle Rechte, einschl. der Rechte der Herstellung von Photokopien und Mikrofilmen, von der Verlagshandlung vorbehalten. — Archiv-Nr. 73 20 691 — Satz und Druck: Lindemann & Lüdecke, Berlin. — Printed in Germany

Inhaltsübersicht

Wegen der verwendeten Abkürzungen, Angaben zur Aussprache usw. siehe Bd. I, Seite 5 und 6.

Inhalt des ersten Bandes

(Sammlung Göschen Band 59)

III. Teil: Formenlehre

§ 1. Vorbemerkung. Zwischen der Lautlehre und der Syntax (d. h. der Lehre vom Satz) steht in der Grammatik die Wortlehre. Von ihr ist die Formenlehre ein Teil. Die anderen Teilgebiete sind: die Etymologie, d. h. die Lehre von der Herkunft der Wörter; die Semasiologie, welche die Bedeutung der Wörter behandelt; die Wortbildungslehre, die die formale Bildung der Wörter (Komposition, Ableitung usw.) zum Gegenstand hat.

Die Formenlehre beschäftigt sich mit der jeweiligen Form, welche ein an und für sich „fertiges" Wort im Zusammenhang des Satzes annehmen kann, d. h. bei den Nomina (Substantiva, Adjektiva, Pronomina, Numeralia) mit der Deklination, bei den Verba mit der Konjugation. Somit gliedert sich die Formenlehre in eine solche des Nomens und eine solche des Verbums.

A. Formenlehre des Nomens

§ 2. Die nominalen Kategorien. Der Formenbau des Nomens (Substantivum, Adjektivum, Pronomen, Numerale) ist bestimmt durch die Begriffe Genus („Geschlecht"), Numerus („Zahl") und Kasus („Fall").

An Genera besaß das Idg. drei: Maskulinum, Femininum und Neutrum. Mit dieser Dreiheit unterscheidet es sich von allen anderen Sprachkreisen der Erde, die sämtlich — sofern sie überhaupt etwas einem grammatischen Genus Ähnliches kennen — nur eine Zweiteilung besitzen. Während die drei Genera des Idg. z. B. im Ai., Griech., Lat., Germ. und Abulg. gut bewahrt blieben, hat das Lit. das Neutrum aufgegeben und die ursprünglichen Neutra in Maskulina und Feminina umgewandelt.

Das Heth. unterscheidet nur noch ein sog. „Genus commune“ (für Masc. und Fem.) und ein Neutrum. Das Armenische hat jede Genusdifferenzierung aufgegeben. — In der späteren Entwicklung sind auch in anderen Sprachen Vereinfachungen eingetreten. Das Romanische hat sich auf zwei Genera beschränkt; das Engl. kennt überhaupt nur noch geringe Reste einer Genusunterscheidung.

An Numeri gab es im Idg. ebenfalls drei: den Singular als Bezeichnung für das Einfache, Ungegliederte; den Plural als Bezeichnung für das Vielfache, Gegliederte; den Dual als Bezeichnung für die natürliche Paarigkeit. Von diesen haben sich Sing. und Plur. formal und funktionell überall erhalten, während der Dual nur noch in einem Teil der Sprachen, so im Ai., Griech., Lit. und Abulg. in Gebrauch blieb. Das Lat. kennt ihn (rein formal) noch in Resten wie *ambo* „beide“ oder *duo* „zwei“, das älteste Germ. in einigen Formen beim Pronomen.

An Kasus besaß das Idg. sieben bzw., wenn man den Vokativ (der streng genommen ein selbständiger Satz ist) hinzunimmt, acht: 1. den Nominativ als Kasus des Subjekts (und des Praedikatsnomens), 2. den Akkusativ als Kasus des näheren Objekts, der Ausdehnung und der Richtung, 3. den Dativ als Kasus des entfernteren Objekts und des Zweckes, 4. den Genetiv als Kasus des Bereichs in adnominaler und adverbaler Verwendung, 5. den Ablativ als Kasus des Ausgangspunktes und des Abstandes, 6. den Lokativ als Kasus der Ruhelage im Raum und in der Zeit, 7. den Instrumentalis als Kasus der Begleitung und des Mittels, 8. den Vokativ als Ausdruck des nominalen Anrufs.

Dieses idg. Kasus-System, das im Ai., Baltischen und Slavischen zum größten Teil erhalten ist, hat in anderen Sprachen schon früh eine mehr oder minder starke Vereinfachung dadurch erfahren, daß des öfteren mehrere der zuvor genannten

Kasus-Bedeutungen durch jeweils nur eine einzige Form übernommen wurden. Einen solchen Zusammenfall von Kasus bezeichnet man als „Synkretismus". Schon in der Zeit der idg. Grundsprache war das Kasus-System formal nicht überall vollständig. So gab es eine besondere Form für den Ablativ nur im Sing. der ŏ-Stämme, sonst war er im Sing. mit dem Gen., im Plur. mit dem Dativ formal identisch. Eine besondere Form für den Vokativ gab es nur im Sing. der Maskulina und Feminina, im übrigen war er mit dem Nom. gleichlautend. Beim Neutrum hatten Nom., Akk. und Vok. zusammen in jedem Numerus von jeher nur eine einzige Form.

Eine solche Vereinfachung des formalen Kasus-Systems setzt sich in den Einzelsprachen fort. Im Balt. und Slav. fielen auch bei den ŏ-Stämmen Gen. und Abl. in einer Form (formal = dem idg. Abl.) zusammen. Im Lat. vereinigten sich Instr., Lok. und Abl. Sg. zu einem einzigen Mischkasus, den die lat. Grammatik Abl. nennt. Im Griech. übernahm der Gen. in allen Numeri die Funktion auch des Abl., während Dat., Instr. und Lok. gemeinsam durch die als Dativ bezeichnete Kasusform ausgedrückt werden. Ähnlich ging es im Germanischen. Der Dual weist, soweit er überhaupt noch vorhanden ist, in allen Sprachen ein stark vereinfachtes Kasus-System auf.

1. Das Substantivum

a) Die Stammklassen der Substantiva im Indogermanischen

§ 3. **Ihrem Bau nach sind die meisten idg. Substantiva in drei Bestandteile aufzulösen: ein wurzelhaftes, ein stammbildendes (vielfach gleichzeitig wortbildendes) und ein flexivisches Element. In lat. *duc-tu-s* ist *duc-* die Wurzel, sie liegt auch in allen anderen Wörtern der gleichen Sippe vor: *dūc-ere*,** *duc-s* (= *dux*); *-tu-* ist das stammbildende (und zugleich wortbildende) Element (wie in *frūc-tu-s*, *ex-i-tu-s* usw.), während *-s* das Kasuszeichen (das flexivische Element) darstellt. Je nachdem nun die durch (wort- und) stammbildende Elemente geschaffenen Stämme auf einen Konsonanten oder Vokal ausgehen (wobei oft diese Elemente selbst nur aus einem einzigen Konsonanten oder Vokal bestehen), unterscheidet man konsonantische und vokalische Stamm- oder Deklinationsklassen.

A. Die vokalischen Stammklassen

1. Stämme auf *-ā*, meist Feminina: ai. *áśvā*, lat. *equa*, lit. *ašvà* „Stute“: gr. τιμή (I § 17) „Ehre“, χώρα „Land“; got. *giba* (ahd. *geba*) „Gabe“: abulg. *žena* „Weib“. Im Griech., Lat. und Abulg. auch Masc.: gr. νεανίᾱ-ς „Jüngling“, lat. *nauta* „Schiffer“, abulg. *junota* „Jüngling“. — Mit *-ā* im Ablaut steht *-ə* (I § 26), das im Vok. Sg. erscheint: gr. νύμφα, δέσποτα, abulg. *ženo*.

Eine Abart dieser *ā*-Stämme sind

2. Stämme auf *-i̯ā*/ablautend mit *-i̯ə* (> *-ī*; vgl. I § 26), das im Nom. Akk. Sg. erscheint. Nur Fem.: ai. *dēvī́* (Stamm *dēvyā-*) „Göttin“: gr. πότνιᾰ (St. ποτνια-) „Herrin“; got. *bandi* (St. *bandjō-*) „Fessel“.

3. Stämme auf *-ŏ*, Maskulina und Neutra. Ai. *vṛ́ka-ḥ*, gr. λύκο-ς, lat. *lupu-s*, got. *wulf-s* (St. *wulfa-*), lit. *vilka-s*, abulg. *vlъkъ* (St. *vlъko-*) „Wolf“. — Ai. *dā́na-m* = lat. *dōnu-m*; gr. δῶρο-ν „Gabe“; got. *waúrd* (St. *waúrda-*) „Wort“; abulg. *lěto* „Jahr“. Im Griech. und Lat. auch Fem.: gr. φηγό-ς „Eichenart“, lat. *fāgu-s* „Buche“. — Mit *-ŏ* ablautend erscheint *-ĕ*, z. B. im Vok. Sg. gr. λύκε, lat. *lupe*.

Im Heth. sind mit den *ŏ*-Stämmen die alten weibl. *ā*-Stämme in ein Paradigma zusammengefallen: *atta-š* (*ŏ*-St.) „Vater“, *anna-š* (ursprüngl. *ā*-St.) „Mutter“

4. Stämme auf *-i* (so die Schwundstufe; daneben Vollstufe *-ei̯/-oi̯* und Dehnstufe *-ēi̯* bzw. *-ē*), alle Genera. Masc.: ai. *páti-ḥ*, gr. πόσι-ς „Gatte“, lat. *hosti-s* „Feind“, got. *gast-s* (St. *gasti-*) „Gast“, lit. *ligóni-s* „Kranker“, abulg. *pǫtь* „Weg“. Fem.: ai. *ávi-ḥ*, lat. *ovi-s*, lit. *avì-s* „Schaf“; gr. ὄφι-ς „Schlange“; got. *anst-s* (St. *ansti-*) „Gunst“; abulg. *kostь* „Knochen“. Neutr. (selten): ai. *vā́ri* „Wasser“; lat. *mare* (St. *mari-*), ahd. *meri* „Meer“. — Die Ablautsform *-ei* z. B. im Nom. Pl. ai. *pátay-aḥ* (< idg. **pótei̯-es*), gr. πόσεις (< *πόσει̯-ες); *-ēi* z. B. im gr. (hom.) Dat.-Lok. πόληι, *-ē* in ai. (ved.) *agnā́* (Lok. zu *agní-* „Feuer“).

5. Stämme auf *-u* (so die Schwundstufe; daneben Vollstufe *-eu̯/-ou̯* und Dehnstufe *-ēu̯*), alle Genera. Masc. ai. *sūnú-ḥ*, got. *sunu-s*, lit. *sūnù-s*, abulg. *synъ* „Sohn“; gr. πῆχυ-ς „Unterarm“; lat. *frūctu-s* „Frucht“. Fem.: ai. *dhēnú-ḥ* „Kuh“, gr. γένυ-ς „Kinnbacken“, lat. *manu-s* „Hand“, got. *handu-s* „Hand“. Neutr.: ai. *mádhu* „Süßigkeit“, gr. μέθυ „Met“; got. *faíhu* (ahd. *fihu*) „Vieh“.

6. Stämme auf *-ī* und *-ū*, Masc. und Fem. Ai. *dhī́-ḥ* „Gedanke“, *vadhū́-ḥ* „Frau“; gr. κῖ-ς „Kornwurm“, ὀφρῦ-ς „Augenbraue“; lat. *vī-s* „Kraft“, *sū-s* „Schwein“; abulg. *svekry* „Schwiegermutter“.

7. Stämme auf Diphthong, Masc. und Fem. Idg. **di̯ḗu-s* „Himmelsgott, Tag“ = ai. *dyáu-ḥ*, gr. Ζεύ-ς; idg. **nā́u-s* „Schiff“ = ai. *náu-ḥ*, gr. ναῦ-ς; idg. **gʷṓu-s* „Rind“ = ai. *gáu-ḥ*, gr. βοῦ-ς, lat. *bō-s*.

Die diphthongischen Stämme stehen insofern auf der Grenze zwischen vokalischen und konsonantischen Stämmen, als bei vokalisch anlautender Flexionsendung der zweite Bestandteil des Diphthongen als Konsonant erscheinen muß, z. B. ai. *gáv-ē*, Dat. zu *gáu-ḥ* „Rind“.

B. Die konsonantischen Stammklassen

8. Stämme auf Verschlußlaute, alle Genera. Masc. und Fem.: ai. *vāc-* f. „Stimme" (Nom. *vā́k*), *pad-* m. „Fuß" (Nom. *pā́t*); gr. φυλακ- m. (Nom. φύλαξ) „Wächter", λαμπαδ- f. (Nom. λαμπάς) „Fackel"; lat. *rēg-* m. (Nom. *rēx*) „König", *op-s* f. „Vermögen", *lapid-* m. (Nom. *lapis*) „Stein"; got. (nur noch Fem.) *baúrg-s* „Burg", *naht-s* „Nacht". Neutr.: ai. *hṛd-* „Herz"; gr. γαλακτ- (Nom. γάλα) „Milch"; lat. *caput* „Kopf", *cord-* (Nom. *cor*) „Herz"; abulg. *telęt-* (Nom. *telę*) „Kalb".

9. Stämme auf *-s* (ablautend: Vollstufe *-es/-os*, Dehnstufe *-ēs/-ōs*, Schwundstufe *-s*), alle Genera. Masc. und Fem.: ai. *uṣas-* f. „Morgenröte" (Nom. *uṣā́ḥ*), gr. αἰδώς f. „Scham", lat. *honōs* m. (St. *honor-* mit *-r-* < *-s-* nach I § 33) „Ehre", *arbōs* > *arbor* f. „Baum"; lit. *mėnes-* m. (Nom. *mė̃nuo*) „Mond". Neutr.: ai. *janas-* (Nom. *jánaḥ*), gr. γενε(σ)- (Nom. γένος), lat. *gener-* (Nom. *genus*) „Art, Geschlecht", lat. *corpor-* (Nom. *corpus*) „Körper"; ags. *lemb* (< germ. **lambiz*) „Lamm"; abulg. *sloves-* (Nom. *slovo*) „Wort".

10. Stämme auf Nasal. Selten sind *m*-Stämme wie lat. *hiem-s* „Winter"; dagegen die *n*-Stämme sehr häufig (Ablaut: Vollstufe *-en/-on*, Dehnstufe *-ēn/-ōn* vgl. I § 44, Schwundstufe *-n* bzw. *-n̥*), alle Genera. Masc. und Fem.: ai. *rājan-* m. (Nom. *rā́jā*) „König", gr. ποιμεν- m. (Nom. ποιμήν) „Hirt", δαιμον- m. (Nom. δαίμων) „Gottheit", lat. *homin-* m. (Nom. *homō*) „Mensch", *regiōn-* f. (Nom. *regiō*) „Gegend", got. *gumin-/guman-* m. (Nom. *guma*) „Mann", *tuggōn-* f. (Nom. *tuggō*) „Zunge", lit. *akmen-* m. (Nom. *akmuõ*) „Stein", abulg. *kamen-* m. (Nom. *kamy*) „Stein". Neutr.: ai. *nāman-* (Nom. *nā́ma*) „Name", lat. *nōmen* „Name", got. *haírtin-/haírtan-* (Nom. *haírtō*) „Herz", abulg. *sěmen-* (Nom. *sěmę*) „Same".

Im Griech. sind die dem Typus ai. *nāman-*, lat. *nōmen* entsprechenden neutralen *n*-Stämme in die *t*-Stämme (oben Nr. 8) übergetreten: ὄνομα, Gen. ὀνόματ-ος.

11. Stämme auf Liquida. Nicht häufig sind *l*-Stämme wie gr. ἅλ-ς, lat. *sāl* „Salz", lat. *sōl* „Sonne" [1]); häufig dagegen *r*-Stämme (mit Ablaut: Normalstufe *-er/-or*, Dehnstufe *-ēr/-ōr*, Schwundstufe *-r* bzw. *-r̥*; vgl. das Beispiel in I § 24 Ende), Masc. und Fem. Idg. **pəter-* (Nom. **pətḗ* und **pətḗr*) „Vater", **māter-* (Nom. **mātē* und **mātēr*) „Mutter" = ai. *pitar-*, *mātar-* (Nom. *pitā́*, *mātā́*); gr. πατήρ, μήτηρ (St. πατερ-, πατρ- usw.); lat. *pater*, *māter* (St. *patr-* usw.); got. *fadar*, ags. *mōdor*; lit. *moter-* (Nom. *mótė*) „Weib"; abulg. *mater-* (Nom. *mati*) „Mutter". Ferner ai. *dātar-* (Nom. *dā́tā*), gr. δώτωρ, lat. *dator* „Geber"; gr. κρατήρ „Mischkrug".

12. Stämme auf *-r* und *-n* („Heteroklita"), derart daß der *-r*-Stamm im Nom. Akk. Vok. Sg., der *-n*-Stamm in den übrigen Kasus auftritt; nur Neutra. Ai. *ū́dhar* „Euter", Gen. *ū́dhn-aḥ*; lat. *femur* „Oberschenkel", Gen. *femin-is*; heth. *wātar* „Wasser", Gen. *weten-aš*. Im Griech. ist an die Stelle des *n*-Stammes ein solcher auf -τ getreten, z. B. ὕδωρ, ὕδατ-ος „Wasser" (vgl. zu Nr. 10). In den übrigen Sprachen ist vielfach zugunsten des einen der beiden Stämme ausgeglichen worden, so daß z. B. got. *watō* (Gen. *watin-s*) „Wasser" nur den *n*-Stamm, dagegen ahd. *wazzar* nur die Form mit *-r* bewahrt hat. — Zum Teil hatten die hierhergehörigen Stämme im Nom. Akk. Vok. Sg. hinter dem *-r* noch ein konsonant. Element wie idg. **i̯ĕqʷr̥-t* „Leber", Gen. **i̯eqʷn-es* = ai. *yákr̥t*, Gen. *yakn-áh* = gr. ἧπαρ, ἥπατ-ος.

b) Die Bildung der Kasus

A. Der Singular

§ 4. Der Nom. Sg. Masc. Fem. wurde im Idg. entweder durch Anfügung von *-s* an den Stamm („sigmatische"

[1]) Nur das Heth. besitzt eine größere Zahl von *l*-Stämmen, die sämtlich Neutra sind, z. B. *takšul* „Friede", *išḫiul* „Vertrag"; sie haben jedoch als einzelsprachliche Neubildung (unter fremdem Einfluß?) zu gelten. Vgl. F. Sommer, Hethiter und Hethitisch (Stuttgart 1947) 54f.

Bildung) oder ohne jede Endung („asigmatische“ Bildung) gekennzeichnet.

1. Ohne Kasussuffix. *ā*-Stämme: idg. **ekuā* „Stute“ (§ 3, 1); die griech. Masc. wie νεανίᾱ-ς haben das -ς erst von den männl. *ŏ*-Stämmen übernommen. — *ī*-/*iā*-Stämme: idg. **deiuiə* bzw. **deiuī* = ai. *dēvī́* usw. (§ 3, 2). — *s*-Stämme: idg. **āusōs* „Morgenröte“ = hom. ἠώς; ähnlich ai. *uṣā́ḥ* usw. (§ 3, 9). — *n*-Stämme: idg. **k̑(u)uōn* „Hund“ = gr. κύων bzw. **k̑(u)uō* (I § 44) = ai. *śvā́*, lit. *šuõ*; mit idg. -*ēn* gr. ἀρήν „Widder“, got. *guma* „Mann“ (§ 3, 10). — *r*-Stämme: idg. **pətḗr* und **pətḗ* „Vater“ (§ 3, 11). Zu beachten ist, daß die konsonant. Stämme im Nom. Sg. sämtlich dehnstufige Bildung aufweisen.

2. Mit -*s*. *ŏ*-Stämme: idg. **u̯l̥qᵘo-s* „Wolf“ (§ 3, 3). — *i*-Stämme: idg. **poti-s* „Herr, Gatte“ (3, 4). — *u*-Stämme: idg. **sūnu-s* „Sohn“ (3, 5). Bei den *i*- und *u*-Stämmen erscheint die Schwundstufe des Stammcharakters. — *ī*-Stämme: idg. **u̯ī-s* „Kraft“; *ū*-Stämme: idg. **sū-s* „Schwein“ (3, 6). — Diphthongische Stämme (diese mit dehnstufiger Bildung): idg. **gᵘōu-s* „Rind“ (3, 7). — Stämme auf Verschlußlaut: idg. **nokt-s* „Nacht“ = lat. *nox*, gr. νύξ; idg. **u̯ōqᵘ-s* „Stimme“ = ai. *vā́k* (ohne -*s* nach I § 45; vgl. lat. *vōx*); idg. **neu̯o-tāt-s* „Neuheit“ = gr. νεότη-ς, lat. *novitā-s* (3, 8).

§ 5. Der Vok. Sg. Masc. Fem. Nur im Sg. der geschlechtigen Wörter hatte dieser Kasus besondere (vom Nom. unterschiedene) Formen (vgl. § 2). Er wird, als Ausdruck des einfachen nominalen Anrufs, ohne Kasuszeichen gebildet, ist also mit dem reinen Wortstamm (bei ablautenden Formantien meist in Vollstufenform) identisch und hat, soweit er nicht enklitisch war (I § 12, c), Anfangsbetonung.

ā-Stämme: idg. -*ə* (d. h. Schwundstufe zu -*ā*) in gr. νύμφα, δέσποτα; lit. *rankà* „Hand“, abulg. *ženo* „Weib“, vielleicht auch lat. *equa* (falls dies nicht Nom.)[1]). Ai. *áśvē* „Stute" ist einzelsprachliche Neuerung. — *ŏ*-Stämme: idg. **u̯l̥q̆ᵘe*, ai. *vŕ̥ka*, gr. λύκε, lat. *lupe*, got. *wulf*, lit. *vilkè*, abulg. *vlъče*. — *i*-Stämme: entweder schwundstufige Bildung auf *-i* wie gr. ὄφι „Schlange", got. *gast* „Gast" oder auf vollstufiges *-ei/-oi* wie in ai. *ávē* „Schaf", lit. *naktiē*, abulg. *nošti* „Nacht". — *u*-Stämme: ebenso teils *-u* wie gr. πῆχυ „Ellbogen", got. *sunu* „Sohn" oder *-eu/-ou* wie in ai. *sū́nō*, lit. *sūnaũ*, abulg. *synu*. — *ī*- und *ū*-Stämme: teils Länge wie gr. ἰχθῦ „Fisch", teils Kürze wie ai. *vádhu* „Frau". — Diphthongische Stämme: idg. **di̯eu* = gr. Ζεῦ, lat. *Iū-piter*. — Stämme auf Verschlußlaut: gr. γέρον „Greis" (< *γέροντ nach I § 46). — *s*-Stämme: gr. Σώκρατες (gegen Nom. Σωκράτης). — *n*-Stämme: idg. **ku(u̯)on* „Hund" = ai. *śván*, gr. κύον. — *r*-Stämme: idg. **māter* = ai. *mā́tar*, gr. μῆτερ. — Soweit keine Beispiele angeführt sind, ist entweder der Ansatz einer idg. Grundform für den Vok. unsicher oder der Vok. ist mit dem Nom. identisch.

§ 6. Der Akk. Sg. Masc. Fem. wird mit *-m* gebildet, das bei vokalischen Stämmen konsonantisch bleibt, bei konsonant. Stämmen jedoch als *-m̥* erscheinen muß. Im Ai., wo letzteres (wie im Griech.) zu *-a* wurde, ist analog zu den vokalischen Klassen, noch einmal *-m* angefügt worden, so daß sich als Gesamtausgang *-am* ergibt.

ā-Stämme: idg. **eku̯ām* „Stute", ai. *áśvām*, lat. *equam*; gr. χώρᾱν; got. *giba* (ahd. *geba*); lit. *rañką*, abulg. *rǫkǫ* „Hand". — *ī-/i̯ā*-Stämme: idg. **-i̯əm* in gr. πότνιαν; idg. **-īm* in ai. *dēvī́m*. — *ŏ*-Stämme: idg. **u̯l̥qᵘom*, ai. *vŕ̥kam*, gr. λύκον, lat. *lupum*, got. *wulf* (ahd. *wolf*), lit. *vilką*, abulg. *vlъkъ*. — *i*-Stämme: idg. **-im* in ai. *mátim* „Gedanke", gr. ὄφιν „Schlange", lat. *sitim* „Durst", got. ahd. *anst* „Gunst", lit.

[1]) Mit Sicherheit ist im Umbr. der Vok. vom Nom. getrennt geblieben; vgl. Vok. *Tursa* (Name einer Göttin) gegenüber Nom. (mit *-ā* > *-u*) *mutu* „Strafe".

nākti, abulg. *noštь* „Nacht". — *u*-Stämme: idg. **sūnum* „Sohn", ai. *sūnúm*, got. ahd. *sunu*, lit. *sū́nų*, abulg. *synъ*; gr. πῆχυν; lat. *manum*. — *ī*- und *ū*-Stämme: idg. *-*īm* und *-*ūm* in gr. κῖν „Kornwurm", lat. *vim* „Gewalt", gr. ὀφρῦν „Braue"; daneben *-*i̯i̥m*, *-*u̯u̥m* in ai. *dhíyam* „Gedanke", *bhrúvam* „Braue", lat. *suem* „Schwein". — Diphthongische Stämme: idg. **di̯ēm* (vgl. I § 14, 1) = ai. *dyā́m*, gr. Ζῆν, lat. *diem* bzw. idg. **nāu̯m̥* = ai. *nā́vam*, gr. (hom.) νῆα, lat. *nāvem*. — Stämme auf Verschlußlaut: idg. *-*m̥* in ai. *vā́c-a-m* „Stimme", gr. πόδ-α, lat. *ped-em* „Fuß", got. *baúrg* „Burg". — *s*-Stämme: ai. *uṣā́s-a-m* „Morgenröte", gr. αἰδῶ < * αἰδό(σ)-α „Scham", lat. *honōr-em*, lit. *mḗnes-į* „Mond". — *n*-Stämme: ai. *rā́jān-a-m* „den König", gr. ποιμέν-α, lat. *homin-em*, got. *guman*, lit. *ãkmen-į*, abulg. *kamen-ь* „Stein". — *r*-Stämme: ai. *mātár-a-m*, gr. μητέρ-α, lat. *mātr-em*, got. *brōþar*, lit. *móter-į* abulg. *mater-ь*.

§ 7. Der Nom. Akk. Vok. Neutr. wird durch eine gemeinsame Form dargestellt (vgl. § 2), die in den meisten Klassen endungslos und nur bei den *ŏ*-Stämmen durch Anfügung von -*m* (wie im Akk. Sg. Masc.) gebildet wird.

ŏ-Stämme: idg. *-*o-m* in ai. *yugám*, gr. ȝυγόν, lat. *iugum*, got. *juk* (ahd. *joh*), abulg. *igo* „Joch".

i-Stämme: ai. *vā́ri* „Wasser" usw. (§ 3, 4). — *u*-Stämme: ai. *mádhu* „Süßigkeit" usw. (§ 3, 5). — Stämme auf Verschlußlaut: ai. *hr̥d* „Herz", gr. γάλα (< *γάλακτ nach I § 46), lat. *cor* (< **cord* nach I § 47). — *s*-Stämme: idg. **ĝénos* = ai. *jánaḥ* usw. (§ 3, 9). — *n*-Stämme: idg. *-*n̥* in ai. *nā́ma* „Name", gr. ὄνομα, lat. *nōmen*; dagegen dehnstufiges *-*ēn* in abulg. *sěmę* „Same", *-*ō*(*n*) in got. *hairtō* „Herz". — *r*-/*n*-Stämme: ai. *ū́dhar* usw. (§ 3, 12).

§ 8. Der Gen. Sg., mit dem — außer bei den *ŏ*-Stämmen — der Abl. Sg. formgleich ist, ist durch *s*-haltige Suffixe gekennzeichnet. Die häufigste Form ist die, daß in der Schwundstufe bloßes -*s*, in der Normalstufe -*es* bzw. -*os* erscheint, das bei vokalischem Stammauslaut mit diesem kontrahiert wurde.

Ein solcher Ausgang liegt in folgenden Stammklassen vor: *ā*-Stämme: idg. **-ās* (mit Schleifton; I § 14, 2) < **-ā* + *-es/-os* in gr. θεᾶς, altlat. *viās* (klass. *viai* > *viae* ist Analogiebildung zu dem *-ī* der *ŏ*-Stämme), got. *gibōs*, lit. *mergõs* „des Mädchens". Ai. *áśv-āy-āḥ* ist mit seinem Mittelstück *-āy-* jüngere Neuerung, die auch das Iranische teilt; vgl. apers. *hain-āy-ā(h)* „des Heeres" = ai. *sénāyāḥ*. — *ī-/i̯ā*-Stämme: idg. **-i̯ās* in ai. *dēvyā́ḥ*, gr. τραπέζης (< **trapedi̯ās*) „des Tisches", got. *bandjōs*. — *i*-Stämme: teils idg. **-ei-s/-oi-s* in ai. *ávē-ḥ* „des Schafes", osk. *aetei-s* „des Teiles", got. *anstai-s* „der Gunst", lit. *naktiẽ-s*, abulg. *nošti* „der Nacht", teils idg. **-i̯-es/-i̯-os* in ai. *ávy-aḥ* „des Schafes" = gr. ὀιός < *ὀϝι̯-ός. (Gr. ὄφιος sowie πόλεος und πόληος > πόλεως sind einzelsprachliche Neubildungen, desgleichen lat. *ovis*.) — *u*-Stämme: entsprechend den *i*-Stämmen teils idg. **-eu-s/-ou-s* in ai. *sūnṓ-ḥ*, got. *sunau-s*, lit. *sūnaũ-s*, abulg. *synu* „d. Sohnes", lat. *manū-s* „der Hand" (vgl. osk. *castrou-s* „fundi"); teils idg. **-u̯-es/-u̯-os* in ai. *paśv-áḥ* „des Viehs", gr. (ion.) γουνός (< *γονϝ-ός) „des Knies", ai. *madhv-áḥ* „des Honig(trank)s" = gr. μέθυ-ος, lat. *senatu-is*, altlat. *senatu-os*. (Gr. πήχεος und πήχεως sind Neubildungen.) — Die *ī*- und *ū*-Stämme lösen vor der Endung *-es/-os* die Länge in *-ii̯-* bzw. *-uu̯-* auf: ai. *dhiy-áḥ* „d. Gedankens", gr. κι-ός; ai. *bhruv-áḥ*, gr. ὀφρύ-ος, lat. *su-is*, abulg. *svekrъv-e*. — Diphthongische Stämme: idg. **nāu̯-ós/-és* = ai. *nāv-áḥ*, gr. νη-ός > νεώς, lat. *nāv-is*; ai. *div-áḥ* = gr. Δι-ός; gr. βο-ός = lat. *bov-is*. — Stämme auf Verschlußlaut: ai. *pad-áḥ*, gr. ποδ-ός, lat. *ped-is* „des Fußes"; got. *baúrg-s*; abulg. *telęt-e* „d. Kalbes". — *s*-Stämme: ai. *jánas-aḥ*, gr. γένε-ος (> γένους), lat. *gener-is*; abulg. *sloves-e* „des Wortes". — *n*-Stämme: ai. *rā́jñ-aḥ* „des Königs", gr. ποιμέν-ος, lat. *homin-is*, *natiōn-is*, got. *gumin-s*, *tuggōn-s*, lit. *akmeñ-s*, abulg. *kamen-e*. — *r*-Stämme: gr. μητρ-ός, lat. *mātr-is*, got. *brōþr-s*, lit. *moteȓ-s*, abulg. *mater-e*. — *r-/n*-Stämme: ai. *ū́dhn-ah* (gr. ὕδατ-ος; vgl. zu § 3, 10), lat. *femin-is*.

Während so für die Mehrzahl der Stammklassen eine einheitliche Bildungsweise des Gen. Sg. auf dem gesamten idg. Gebiet nachweisbar ist, stehen allein die ŏ-Stämme abseits. Für sie gelingt es nicht, eine für alle idg. Sprachen gültige Grundform zu bestimmen; vielmehr ergeben sich mehrere charakteristische Gruppierungen (vgl. I § 6): Das Ind., Iran. und Griech. deuten auf einen Ausgang *-si̯o*, z. B. idg. **eku̯o-si̯o* „des Pferdes“ = ai. *áśva-sya*, gr. (hom.) ἵππο-ιο; avest. *ahura-hyā* „des Gottes“, apers. *kāra-hyā* „des Heeres“; vereinzelte Spuren dieser Bildung kennt auch das Faliskische (z. B. PN. *kaisio-sio*). Auf ein bloßes *-so* gehen die Formen des Germ. und des Apreuß. zurück: got. *wulfis*, as. *wulfas* < **u̯l̥qʷe-so* bzw. **u̯l̥qʷo-so*; apreuß. *deiwas* „des Gottes“ < **deiu̯o-so*. Diese Bildungen auf *-si̯o* und *-so* scheinen vom Pronomen ausgegangen zu sein (vgl. ai. *tá-sya* „dessen“ § 35 bzw. abulg. *če-so* „wessen?“). — Einige westidg. Sprachen, nämlich das Lat., Kelt. und das Illyrisch-Messapische, haben eine Endung *-ī*: lat. *lupī*, gall. PN. *Segomari*, messap. PN. *platorrihi* (*-ihi* = *-ī*!) „Platoriī“[1]). — Das Balt. (außer dem Apreuß., s. o.) und das Slav. verwenden den idg. Abl. auf *-ōd* (§ 9) als Gen.: lit. *vỹro* „des Mannes“, abulg. *raba* „des Knechts“. — Andere Sprachen haben Analogiebildungen nach anderen Stammklassen vorgenommen, so das Osk.-Umbr. nach den *i*-Stämmen (z. B. osk. ŏ-St. *sakarakleis* „des Heiligtums“ wie der *i*-St. *aeteis* „des Teils“) oder das Heth. nach den konsonant. Stämmen (heth. ŏ-St. *antuḫšaš* „des Menschen“ wie der *n*-St. *šaḫḫan-aš* „des Lebens“), wobei auch das *-ās* der *ā*-Stämme (vgl. § 2 zu „Genus“) mitgewirkt haben mag.

§ 9. **Der Abl. Sg. hatte nur bei den ŏ-Stämmen eine** besondere Form: Ausgang idg. **-ēd/-ōd*; sonst war er mit dem Gen. Sg. (§ 8) formgleich. Ai. *vŕ̥kāt*, *vŕ̥kād* < idg. **u̯l̥qʷōd*; ai. *yugā́t*, *yugā́d* < idg. **i̯ugōd*; altlat. PN. *Gnaivōd* u. dgl.,

[1]) Vgl. A. Bloch, Zs. f. Vergl. Sprachforschung 76 (1960) 182—242.

klass. lat. *lupō* usw. nach I § 47; *-ēd* in Adverbien wie altlat. *facilumēd* > klass. *facillimē*. Auch das Griech. hat noch einige vereinzelte Dialektformen, welche auf dem Abl. auf *-ōd* beruhen, bewahrt, z. B. delph. Ϝοίκω „von Hause", dor. πῶ „woher?". — Im Lat. und Osk.-Umbr. (und ähnlich im Avest.) wurde die durch *-d* charakterisierte Abl.-Form analogisch auf andere Klassen übertragen: altlat. *sententiād*, *magistrātūd* usw., osk. *toutad* „civitate". — Auch die balt. und slav. Gen.-Formen lit. *vȳro*, abulg. *raba* usw. (§ 8) beruhen auf dem idg. Abl. auf *-ōd*.

§ 10. Der Dat. Sg. hatte als Kasuszeichen idg. *-ei*, das noch einzelsprachlich in Fällen wie gr. ΔιϜεί-φιλος „dem Zeus lieb"; altlat. *virtutei*, osk. *paterei* „dem Vater", venet. *vhraterei* „dem Bruder" deutlich vorliegt. Im übrigen ist dieses idg. *-ei* teils durch schon grundsprachliche Kontraktion mit voraufgehendem vokalischem Stammauslaut, teils durch den einzelsprachlichen Lautwandel (ai. *ē*, abulg. *i*, lat. *ī* usw.; I § 18) nicht mehr als solches zu erkennen.

ā-Stämme: idg. **-ā* + *-ei* > **-āi* in gr. χώρᾳ, altlat. *Fortunai* (klass. *equae*), got. *gibai*, lit. *rañkai* = abulg. *rǫcě* „der Hand". Ai. *áśv-āy-ai* enthält das gleiche „Mittelstück" wie der Gen. *áśv-āy-āḥ* (§ 8). — *ī-/i̯ā*-Stämme: idg. **-i̯āi* in ai. *dēvyái*, gr. τραπέζῃ < **trapedi̯āi*, got. *bandjai*. — *ŏ*-Stämme: idg. **-ŏ* + *-ei* > **-ōi* in gr. φίλῳ, altlat. *Numasioi*, ahd. *wolfe* (< germ. **-ai*), lit. *vilkui*; ai. *vṛ́kāy-a* mit angefügter Postposition. Daneben nach I § 14, 1 idg. *-ō* in lat. *lupō*. — *i*-Stämme: idg. **-ei̯-ei* in ai. *matáy-ē* „dem Gedanken"; daneben idg. **-i̯-ei* in ai. *páty-ē* „dem Gatten". (Die „Dative" des Griech. und Germ. sind formal alte Lokative, vgl. § 11.) — *u*-Stämme: idg. **-eu̯-ei* in ai. *sūnáv-ē* = abulg. *synov-i* „dem Sohne"; lat. *manu-ī*; daneben idg. **-u̯-ei* in ai. *śíśv-ē* „dem Kinde". — *ī*- und *ū*-Stämme: idg. ** -ii̯-ei* bzw. **-uu̯-ei* in ai. *dhiy-é* „dem Gedanken"; *bhruv-é* „der Braue", lat. *su-ī*, abulg. *svekrъv-i*. — Diphthongische Stämme: idg.

**gᵘoṷ-ei* „dem Rind“ = ai. *gáv-ē*, lat. *bov-ī*; idg. **nāṷ-ei̯* „dem Schiff“ = ai. *nāv-ḗ*, lat. *nāv-ī*. — Stämme auf Verschlußlaut: ai. *vāc-ḗ* „der Stimme“ = lat. *vōc-ī*; abulg. *telęt-i* „dem Kalb“. — *s*-Stämme: ai. *jánas-ē* = lat. *gener-ī*; abulg. *sloves-i* „dem Wort“. — *n*-Stämme: ai. *rā́jñ-ē* „dem König“, lat. *homin-ī*, abulg. *kamen-i* „dem Stein“. — *r*- Stämme: ai. *mātr-ḗ* = lat. *mātr-ī*; abulg. *mater-i*. — *r-/n*-Stämme: lat. *femin-ī*. — Im Griech. und Germ. ist der Dat. Sg. in allen konsonant. Klassen formal durch den Lok. ersetzt worden (vgl. § 11).

§ 11. Der Lok. Sg. wurde teils ohne jedes Kasuszeichen gebildet, ist dann also mit dem reinen Stamm (in dessen Normal- oder Dehnstufe) identisch, teils wurde er durch ein Suffix *-i* gekennzeichnet.

1. Ohne Kasussuffix. *i*-Stämme: idg. **-ēi* in gr. (hom.) πόληι > att. πόλῃ (Dat.); got. *anstai* (ahd. *ensti*, beides Dat.); daneben idg. **-ē* (nach I § 14, 1) in ai. *agnā́* (zu *agní-* „Feuer“), lit. *šalė̃* „neben“ (Lok. zu *šalìs* „Seite“). — *u*-Stämme: idg. **-ēu* in ai. *sūnáu*, got. *sunau* (ahd. *suniu*, beides Dat.), abulg. *synu*; auch lat. *noctū* „in der Nacht“. — *s*-Stämme: abulg. *sloves-e* mit *-e* als sekundärer Postposition. — *n*-Stämme: ai. *kárman* (zu *karman-* „Tat, Sache“); abulg. *kamen-e* mit *-e* wie in *sloves-e*. — *r*-Stämme: ai. *áhar* „am Tage“.

2. Mit Suffix *-i*. *ā*-Stämme: idg. **-ā* + *-i* > *-āi* in idg. **ek̑ṷāi* = ai. *áśvāy-ām* mit *-ām* als sekundärer Postposition; gr. (eleisch) Ὀλυμπίαι „in Olympia“; lat. *Rōmai* > *Rōmae* „in Rom“; lit. *rañkoj-e* (mit *-e* als sekundärer Postposition), abulg. *rǫcě* „in der Hand“. — *ŏ*-Stämme: idg. **-ŏ* + *-i* > *-oi* in ai. *vŕ̥kē* = abulg. *vlъcě* „in dem Wolf“; gr. οἴκοι „zu Hause“, lat. *bellī* „im Kriege“; daneben ablautend *-ei* in gr. (att.) οἴκει; lit. *namiẽ* „zu Hause“; osk. *comenei* „in comitio“; ags. *dægi* (Instr.; < germ. **đagī* zu **đagaz* „Tag“). — *i*-Stämme: idg. **-ei̯-i* in gr. πόσει (< *πόσει̯-ι; Dat. „dem Gatten“). — *u*-Stämme: idg. **-eṷ-i* in ai. *sūnáv-i* „bei dem Sohne“, gr. ἄστε-ι (Dat. zu ἄστυ „Stadt“). — *ī*- und *ū*-Stämme: ai.

dhiy-í, gr. κι-ί (Dat.); ai. *bhruv-í*, gr. ὀφρύ-ι (Dat.), lat. *su-e* (Abl.; vgl. I § 47). — Diphthongische Stämme: idg. **nāu̯-í* „in dem Schiff" = ai. *nāv-í*, gr. νη-ί (Dat.), lat. *nāv-e* (Abl.); ai. *div-í* = gr. Δι-ί. — Stämme auf Verschlußlaut: ai. *vāc-í* = lat. *vōc-e* (Abl.), gr. ποδ-ί (Dat.), got. *baúrg* (Dat.). — *s*-Stämme: ai. *jánas-i* = gr. γένε-ι (Dat.) = lat. *gener-e* (Abl.). — *n*-Stämme: ai. *rā́jñ-i* und *rā́jan-i*, gr. ποιμέν-ι (Dat.), lat. *homin-e*, *natiōn-e* (Abl.), got. *gumin*, *tuggōn* (Dat.). — *r*-Stämme: ai. *mātár-i*, gr. μητέρ-ι und μητρ-ί (Dat.), lat. *mātr-e* (Abl.), got. *brōþr* (Dat.).

§ 12. Der Instr. Sg. ist bei vokalischen Stämmen vielfach durch Dehnung des Stammvokals ohne ein weiteres Suffix gekennzeichnet. Daneben kommen Bildungen mit den Suffixen *-bhi* und *-mi* vor, die zu den entsprechenden Ausgängen *-bhis* und *-mis* im Instr. Pl. (§ 24) in Beziehung stehen.

ā-Stämme: idg. **eku̯ā* = ai. (ved.) *áśvā* „mit der Stute" (späteres *aśvayā* ist eine, auch iranische, Neubildung); vgl. auch gr. Adverbia wie dor. κρυφᾷ „heimlich"[1]). — *ī-/i̯ā*-Stämme: ai. *dēvyā́* „mit der Göttin". — *ŏ*-Stämme: ablautend idg. *-*ō* und *-*ē*. Ersteres in ai. (ved.) *vŕ̥kā* (späteres *vr̥kēna* ist Neubildung nach dem Pronomen) = ahd. *wolfu*, lit. *vilkù* „mit dem Wolfe"; vgl. gr. πώ-ποτε „jemals". Letzteres in got. (Dat.) *wulfa* (vgl. got. *ƕē* „womit"); vgl. dor. πή-ποκα. — *i*-Stämme: ai. *mátī* „mit dem Gedanken". — Im Ai. wurde das *-ā* der *ŏ*-Stämme analog auch auf alle konsonant. Stammklassen übertragen. Stämme auf Verschlußlaut: *vāc-ā́*; *s*-Stämme: *jánas-ā*; *n*-Stämme: *rā́jñ-ā*; *r*-Stämme: *mātr-ā́*; auch auf die *ī*- und *ū*-Stämme: *dhiy-ā́*, *bhruv-ā́*.

Bildung auf idg. *-bhi* liegt vor in gr. θεό-φι, ἀγέλη-φι, ναῦ-φι, ἐρέβεσ-φι, also grundsätzlich in allen Stammklassen.

---

[1]) Im Balt. und Slav. erscheint statt *-ā* eine erweiterte Form auf **-ā-m* (> **-a-m* > lit. *-ą*, abulg. *-ǫ*): lit. *rankà* = abulg. *rǫkǫ* „mit der Hand". Im Slav. wurde dieses *-ǫ* in alle anderen weibl. Stammklassen übertragen, z. B. *kostьjǫ* zu dem *i*-St. *kostь* „Knochen".

— Die Bildung auf *-mi* findet sich im Balt. und Slav.: abulg. *vlъko-mъ* „mit dem Wolf", *pǫtь-mъ* „mit dem Weg", *synъ-mъ* „mit d. Sohn"; lit. *nakti-mì* „mit d. Nacht", *sūnu-mì* „mit d. Sohn".

B. Der Dual

§ 13. Vorbemerkung. Das Kasussystem des Duals war schon in der idg. Grundsprache ein sehr viel weniger differenziertes als das der beiden anderen Numeri (vgl. § 2). Keine der Einzelsprachen, soweit sie überhaupt noch einen Dual besitzen, kennt für ihn formal mehr als drei Kasus. Dabei dient (ähnlich wie beim Neutr. auch im Sg. und Pl.) eine gemeinsame Form dem Ausdruck von Nom., Akk. und Vok.; im übrigen pflegt man (hauptsächlich auf Grund des Indo-Iran. und des Slav.) noch je einen gemeinsamen Kasus für den Dat.-Abl.-Instr. und für den Gen.-Lok. als grundsprachlich anzusetzen. Neben dem Nom.-Akk.-Vok. hat aber z. B. das Griech. nur einen Dual-Kasus als Ausdruck für alle anderen Funktionen, der obendrein von den indo-iran. und slav. (auch balt.) Bildungen formal verschieden ist. Das Lit. unterscheidet (von adverbiellen Resten abgesehen) neben dem Nom.-Akk. nur noch eine Form für den Dat.-Instr., während andrerseits das Air. Reflexe eines dem des Indo-Iran. ähnlichen Drei-Kasus-Systems erkennen läßt. Bei dieser Sachlage lassen sich für die Kasus des Duals nur teilweise gemein-idg. Grundformen erschließen.

§ 14. Der Nom. Akk. Vok. Dual. Masc. und Fem. hatte für die *ŏ*-Stämme den Ausgang **-ōu* bzw. (nach I § 14, 1) **-ō*: idg. **u̯l̥q̑ōu* und **u̯l̥q̑ō* „die beiden Wölfe" = einerseits ai. *vŕ̥kau*, andrerseits ai. *vŕ̥kā*, gr. λύκω, lit. *vilkù*, abulg. *vlъka*. Vgl. auch got. *ahtau* (= ai. *aṣṭáu*) und lat. *octo* (= gr. ὀκτώ)[1]. — *ā*-Stämme: idg. **-ai* in ai. *áśvē* „die beiden Stuten"; lit.

[1]) Im Lat. gibt es noch einige inschriftl. Reste von Dualformen auf *-o*, so PN. *M. C. Pomplio*, d. h. *M.* und *C. Pomplius*; außerdem sind die Zahlwörter *ambo* und *duo* formal alte Duale.

ranki = abulg. *ręcě* „die beiden Hände". Vielleicht ist auch gr. χῶραι (Plur.) ursprünglich Dual; jedenfalls ist der griech. Dual auf -ᾱ Neubildung nach dem -ω der *ŏ*-Stämme. — *i*-Stämme: idg. *-*ī* in ai. *ávī* „die beiden Schafe", lit. *naktì* = abulg. *nošti* „die beiden Nächte". — *u*-Stämme: idg. *-*ū* in ai. *sūnū́*, lit. *sū́nu*, abulg. *syny* „die beiden Söhne". Die griech. Formen der *i*- und *u*-Stämme (πόλεε, πήχεε u. dgl.) sind Neubildungen nach den konsonant. Stämmen. — In allen anderen Klassen erscheint im Griech. -ε (πατέρ-ε, ποιμέν-ε, ὀφρύ-ε usw.), das wohl die idg. Endung der konsonant. Stämme darstellt. Sie liegt auch im Lit. (z. B. *áugus-e*, Part. Praet. zu *áugti* „wachsen") vor, läßt sich für das Kelt. mit größter Wahrscheinlichkeit erschließen (z. B. air. *rīg* „die beiden Könige" < **rēĝ-e*) und begegnet im Ai. als Rest noch in dem Vorderglied des Kompositums *mātára-pitárā* „Eltern" (<**mātér-e*). Sonst wurde im Ai. der Ausgang -*au* bzw. -*ā* analog von den *ŏ*-Stämmen auch auf die konsonant. Klassen übertragen (ai. *mātár-au*, *rā́jān-au* usw.). Auch im Balt.-Slav. liegen bei den konsonant. Stämmen Neubildungen vor.

§ 15. Der Nom. Akk. Vok. Dual. Neutr. Der idg. Ausgang bei den *ŏ*-Stämmen war *-*oi*, z. B. **i̯ugoi* „die beiden Joche" = ai. *yugé*, abulg. *izě*[1]). Die *i*-Stämme haben *-*ī*: ai. *akṣī́* = abulg. *oči* „die beiden Augen". Auch bei den konsonant. Klassen kommt -*ī* vor: ai. *jánas-ī* „die beiden Arten", *nā́man-ī* „die beiden Namen"; abulg. *imen-i* „dass.", *těles-i* „die beiden Leiber"; vgl. auch lat. *vī-gintī* „zwanzig" (eigentl. „zwei Dekaden") und dor. Ϝί-κατι, att. εἴκοσι < *ἑ-Ϝίκοσι. — Im Griech. wurde in Formen wie γένε-ε das -ε des Masc. (§ 14) übernommen.

§ 16. Der Dat. Abl. Instr. Dual. hat im Ai. in allen Klassen das Suffix -*bhyām*, z. B. *vṛ́kābhyām*, *sūnúbhyām*,

[1]) Im Lat. scheinen *rāstrī* und *frēnī* (zu *rāstrum* „Hacke" und *frēnum* „Zügel") Reste neutraler Duale auf -*oi* zu sein („die beiden Zinken der Hacke", „Zügelpaar"). — Das Griech. hat auch im Neutr. die Endung -ω der Mask.: τὼ ζυγώ „die beiden Joche".

mātŕ̥bhyām usw. — Im Lit. erscheint *-m*, im Abulg. *-ma*: lit. *vilkam*, abulg. *vlъkoma*; lit. *sūnùm*, abulg. *synъma* usw. — Die griech. Formen auf -οιν (denen die auf -αιν nachgebildet sind) beruhen auf älterem (hom.) -οιιν, dieses wahrscheinlich auf -οιυν, wie durch arkad. Διδύμοιυν nahegelegt wird. Das -οι- ist wohl identisch mit dem ai. *-ay-* im Gen.-Lok. (§ 17), alles Weitere unklar; vgl. E. Schwyzer, Griech. Gramm. I (München 1939) 557.

Einen dem ai. *-bhyām* vergleichbaren Ausgang besaß außer dem Iran. (z. B. avest. *nərəbya* zu *nar-* „Mann") auch das Kelt. (z. B. air. *feraib* zu *fer* „Mann", das man auf **viro-bhēm* zurückführt).

§ 17. Der Gen. Lok. Dual. hatte im Ai. den Ausgang *-ōḥ* (für *-ōs*), der auf idg. **-ous* beruhen dürfte und dem auch das *-u* des Abulg. entsprechen kann. *ŏ*-Stämme: ai. *vŕ̥kay-ōḥ* (*-ay-* < *-oi̯-* wohl vom Pronomen übernommen. vgl. *táyōḥ* § 35), abulg. *vlъku*. — *ā*-Stämme: ai. *áśvay-ōḥ*, abulg. *rǫku*. — *i*-Stämme: ai. *ávy-ōḥ*, abulg. *pǫtъj-u*. — *u*-Stämme: ai. *sūnv-óḥ*, abulg. *synov-u*. — Konsonant. Stämme: ai. *mātr-óḥ*, *jánas-ōḥ* usw.; abulg. *kamen-u*, *sloves-u*. — Die griech. Formen auf -οιν (und -αιν) wie in § 16.

Der ai. Ausgang *-ōḥ* < **-ous* scheint eine Erweiterung aus älterem **-ou* zu sein, wofür im Avest. *-ō*, das dort für den Lok. Dual. gilt, z. B. avest. *zastay-ō* zu *zasta-* „Hand". Die gleiche Endung liegt wohl auch in dem lit. Adverb *pusiaũ* „mitten entzwei" (zu *pùsė* „Hälfte") vor.

C. Der Plural

§ 18. Der Nom. Pl. Masc. und Fem., mit dem seit idg. Zeit der Vok. identisch ist, wurde mit dem Ausgang *-es* gebildet.

ā-Stämme: idg. **-ā* + *-es* > *-ās* in ai. *áśvāḥ*, osk. *scriftas* „scriptae", got. *gibōs*, lit. *rañkos*. Wegen gr. χῶραι vgl. § 14; lat. *-ai* (*equae*) nach dem *-oi* der *ŏ*-Stämme (s. u.); abulg. *ženy* ist die Akk.-Form. — *ī-/i̯ā*-Stämme: got. *bandjōs*. —

ŏ-Stämme: idg. *-*ŏ* + -*es* > -*ōs* in ai. *vṛ́kāḥ* = got. *wulfōs*; osk. *Núvlanús* „Nōlānī" (osk. *ú* = *o*!). Das Griech., Lat., Balt. und Slav. (auch das Kelt. und Toch.) haben stattdessen aus der Pronominalflexion (vgl. § 30) den Ausgang idg. *-*oi* übernommen: gr. λύκοι, lat. *lupī* (altlat. *poploe* „populi"), lit. *vilkaĩ*, abulg. *vlьci*. — *i*-Stämme: idg. *-*ei̯*-*es* in ai. *ávay-aḥ* „Schafe", gr. ὄφεις (< *-ε-ες) „Schlangen", lat. *ovēs* (< *-*e*-*es*), got. *gasteis*, abulg. *pǫtьj-e* „Wege". — *u*-Stämme: idg. *-*eu̯*-*es* in ai. *sūnáv-aḥ*, got. *sunju-s*, abulg. *synov-e*; gr. πήχε(F)-ες > πήχεις; lat. *manūs* (< *-*ous* < *-*ou̯es*). — *ī*- und *ū*-Stämme: ai. *dhíy-aḥ*, gr. κί-ες; ai. *bhrúv-aḥ*, gr. ὀφρύ-ες, (lat. *su-ēs* nach den *i*-Stämmen). — Diphthong. Stämme: idg. **nāu̯-es* „Schiffe" = ai. *nā́v-aḥ*, gr. νῆ-ες; idg. **gʷou̯-es* „Rinder" = ai. *gā́v-aḥ*, gr. βό-ες, (lat. *nāv-ēs*, *bov-ēs* mit Endung der *i*-Stämme). — Stämme auf Verschlußlaut: ai. *vā́c-aḥ*, gr. νύκτ-ες (lat. *noct-ēs* nach den *i*-Stämmen), got. *naht-s*. — *s*-Stämme: idg. Adj. **dus-menes-es* „übel gesinnte" = ai. *dur-manas-aḥ*, gr. δυσ-μενέ-ες > -εῖς, (lat. *honōr-ēs*). — *n*-Stämme: ai. *rā́jān-ah*, gr. ποιμέν-ες (lat. *homin-ēs*, *natiōn-ēs*), got. *guman-s*, *tuggōn-s*, lit. *ãkmen-s*, abulg. *kamen-e*. — *r*-Stämme: ai. *mātár-aḥ*, gr. μητέρ-ες, (lat. *mātr-ēs*), ahd. *muoter*, lit. *móter-s*.

§ 19. Der Akk. Pl. Masc. und Fem. hatte den idg. Ausgang -*ns*, der nach konsonant. Stammauslaut als -*n̥s* erscheinen mußte. Nach langem Vokal wurde -*ns* schon im Idg. zu -*s*; doch ist einzelsprachlich des öfteren in solchem Falle nach Analogie der anderen Klassen -*ns* wiederhergestellt worden. Zu beachten ist ferner, daß im Griech. (dialekt.) und Lat. in der Gruppe -*ns* das *n* (mit Ersatzdehnung des vorangehenden Vokals) schwand.

ā-Stämme: idg. *-*ās* (für *-*ā-ns*) in ai. *áśvāḥ*, got. *gibōs*. Dafür gr. (kret.) τιμάνς > att. τιμᾱ́ς; lat. **equans* (vgl. osk. *víass* „viās", umbr. *vitlaf* „vitulās", beide aus *-*ans*) > *equās*; lit. *rankàs* (vgl. apreuß. *rānkans*). — *ī*-/*i̯ā*-Stämme: got.

bandjōs. — ŏ-Stämme: idg. **-o-ns* in ai. *vŕ̥kān* (mit sekundärer Dehnung; zum Verlust des *-s* vgl. I § 45), gr. (kret.) λύκονς > att. λύκους (dor. λύκως). lat. *lupōs*, got. *wulfans*, lit. *vilkùs* (vgl. apreuß. *deiwans* „deōs"), abulg. *vlьky* (mit *-y* < **-ons*). — *i*-Stämme: idg. **-i-ns* in ai. *ávīn* (vgl. ŏ-Stämme). gr. (kret.) πόλινς (att. πόλεις ist die Nom.-Form), lat. *turrīs*, got. *gastins*, lit. *naktìs*, abulg. *nošti*. — *u*-Stämme: idg. **-u-ns* in gr. (kret.) υἱύνς „Söhne", hom. γένῦς (att. πήχεις ist Nom.-Form), lat. *manūs*, got. *sununs*, lit. *sūnus*, abulg. *syny*. — ī- und ū-Stämme: idg. **-ii̯-n̥s* bzw. **-uu̯-n̥s* in ai. *dhíy-aḥ*, *bhrúv-aḥ*; gr. κί-ας, ὀφρύ-ας; lat. *su-ēs* (< **-ens*). — Diphthong. Stämme: idg. **nāu̯-n̥s* = ai. *nā́v-aḥ*, gr. νῆ-ας, lat. *nāv-ēs*; idg. **gᵘou̯-n̥s* = gr. (hom.) βό-ας, lat. *bov-ēs*. — Stämme auf Verschlußlaut: idg. **-n̥s* in ai. *vāc-áḥ*, gr. πόδ-ας, lat. *ped-ēs* (< **-ens*). — *s*-Stämme: idg. **dus-menes-n̥s* = ai. *dur-manas-aḥ*, gr. δυσ-μενέ-ας; lat. *honōr-ēs*; lit. *mėnes-is* (< **-ins*) „Monate". — *n*-Stämme: ai. *rā́jñ-aḥ*, gr. ποιμέν-ας, lat. *homin-ēs*, got. *gumans* (mit „Silbenschichtung" für **guman-uns*?), lit. *ãkmen-is* (< **-ins*), abulg. *kamen-i*. — *r*-Stämme: gr. μητέρ-ας, lat. *mātr-ēs*, got. *fadr-uns*, lit. *móter-is*, abulg. *mater-i*.

§ 20. Der Nom. Akk. Vok. Pl. Neutr. wurde bei den ŏ-Stämmen auf idg. **-ā* gebildet; d. i. ursprünglich eine Kollektiv-Bildung „singularischer" Natur (identisch mit dem Fem. Sg. auf *-ā*), weshalb auch noch im Griech. bei einem Neutr. Pl. als Subjekt das Praedikat im Sing. erscheint. Idg. **i̯ugā* „Joche" = ai. (ved.) *yugā́*, lat. *iuga* (gekürzt aus **iugā*), got. *juka*, abulg. *iga*; gr. ζυγά (mit kurzem -α!) ist analog zu dem Ausgang der konsonant. Stämme erwachsen. Umgekehrt wurde im Lat. das aus *-ā* gekürzte *-ă* der ŏ-Stämme auf die konsonant. Klassen übertragen: *capit-a*, *gener-a*, *nōmin-a*. auch *cornu-a*: ähnlich got. *hairtōn-a* „Herzen" und abulg. *telęt-a* „Kälber".

Die zu *-ā* gehörige Schwundstufe idg. **-ə* steht bei den konsonant. Stämmen: ai. *jánąs-i* (das nasalierte *ą* ist indische Neuerung), *nā́mān-i*; gr. γένε-α, ὀνόματ-α.

Bei den *i-* und *u*-Stämmen kam Bildung auf einfache Dehnung des Stammauslauts vor: ai. *trī́* „drei" = lat. *trī-(-gintā)* „30", lit. *trý(-lika)* „13", abulg. *tri* „drei"; ai. *mádhū*.

Vereinzelt sind Zeugnisse für eine endungslose Bildung mit Dehnstufe des Stammcharakters, so ai. *nā́mā* mit *-ā* für idg. **-ē(n)/-ō(n)*.

§ 21. Der Gen. Pl. hatte den Ausgang *-ōm*; doch vgl. unten zu abulg. *-ъ* und apreuß. *-un* < **-ŏm*.

ā-Stämme: idg. **-ā* + *-ōm*, wobei nicht klar ist, ob das grundsprachliche Kontraktionsprodukt **-ām* oder **-ōm* war, da einerseits diejenigen Sprachen, welche diesen Ausgang bewahrt haben, idg. *ā* und *ō* haben zusammenfallen lassen, andrerseits die Sprachen, welche idg. *ā* und *ō* getrennt erhielten, andere Endungen eingeführt haben. Auf den idg. Ausgang gehen zurück: got. *gibō*, lit. *rañkų̄*. Ai. *áśvānām* ist Neuerung nach den *n*-Stämmen, ähnlich ahd. *gebōno*. Das Griech. und Lat. haben den Ausgang **-āsōm* der Pronominalflexion (vgl. ai. *tā́sām* = gr. τάων > τῶν, § 35) übernommen: gr. (hom.) θεάων > att. θεῶν; lat. *equārum* (auch osk. *egmazum* „rerum"). — *ī-/i̯ā*-Stämme: got. *bandjō*. — *ŏ*-Stämme: idg. **-ŏ* + *-ōm* > *-ōm* in ai. (ved.) *vŕ̥kām* (später *vr̥kāṇām*, vgl. *ā*-Stämme), gr. λύκων, lat. *deum* (*deōrum* nach Analogie der *ā*-Stämme), ahd. *wolfo* (das *-ē* in got. *wulfē* ist noch nicht sicher erklärt; kaum Ablaut), lit. *vilkų̄*. — *i*-Stämme: idg. **-i̯-ōm* in idg. **ou̯i̯-ōm* „der Schafe" = gr. ὀί-ων (ὄφε-ων < **-ei̯-ōm* von der Vollstufe des Stammsuffixes), lat. *ovi-um*; ahd. *geste-o*, *gesti-o*; lit. *nakči-ų̄* (< **nakti̯-ų̄*). — *u*-Stämme: idg. **-u̯-ōm* in gr. (hom.) γούνων < *γόνϝ-ων (att. πήχεων < **-eu̯-ōm*; vgl. *i*-Stämme); lat. *manuum* (< **-u̯-ōm* oder ebenfalls *-*eu̯-ōm*), lit. *sūnų̄*. Vollstufe des Stammcharakters (wie πήχεων und vielleicht lat. *manuum*; vgl. auch abulg. *synovъ*, s. u.) in got. *suniw-ē* (mit -*ē* wie in *wulfē*, s. o.). — *ī*- und *ū*-Stämme: ai. *dhiy-ā́m*, *bhruv-ā́m*; gr. κι-ῶν, ὀφρύ-ων; lat. *su-um*. — Diphthong. Stämme: idg. **nāu̯-ōm* = ai. *nāv-ā́m*, gr. (hom.) νη-ῶν > att. νε-ῶν; idg. **gᵘou̯-ōm* = ai. *gáv-ām*, gr. βο-ῶν, lat. *bov-om* > *bo-um*. — Stämme auf Verschlußlaut: ai. *vāc-ā́m* = lat. *vōc-um*, gr. ποδ-ῶν, ahd. *burg-o*. — *s*-Stämme: ai. *jánas-ām* = gr. γενέ-ων > γενῶν = lat. *gener-um*; ahd. *kelbir-o* „der Kälber". — *n*-Stämme: ai. *rā́jñ-ām*, gr. ποιμέν-ων, lat. *homin-um*, ahd. *gomōn-o* (got. *guman-ē* wie *wulfē*, s. o.), lit. *akmen-ų̄*. — *r*-Stämme: ai. (ved.) *svásr-ām* „der Schwestern", gr. μητέρ-ων, lat. *mātr-um*, ahd. *fater-o*, lit. *dukter-ų̄* der „Töchter".

Das Abulg. scheint mit seinem in allen Klassen auftretenden Ausgang -*ъ* auf idg. *-*ŏm* zu weisen: *vlъkъ*, *synov-ъ* (vgl. oben), *svekrъv-ъ*, *sloves-ъ*, *mater-ъ* usw. Nach palatalem Konsonant wurde dieses -*ъ* zu -*ь*, so bei den *i*-Stämmen: *pǫtьj-ь*. Das gleiche -*om* kann auch in apreuß. -*an*, z. B. *grīkan* „der Sünden", vorliegen.

Denkbar ist, daß das Abulg. und das Apreuß. in den Reflexen von idg. *-*ŏm* überhaupt die älteste Gestalt der Endung bewahrt haben, die sich dann nur im Slav. und Apreuß. erhalten hätte (und im Slav. auch auf die *ŏ*-Stämme übertragen worden wäre). Anderwärts wäre dann *-*ōm*, das bei den *ŏ*-Stämmen lautgerecht durch Kontraktion aus *-*ŏ-ŏm* entstehen mußte, analogisch auf die übrigen Stammklassen übergegangen, ein Vorgang, der wohl in großem Umfang schon voreinzelsprachlich eingetreten sein müßte und bei dem allein das slav. und apreuß. Gebiet ausgespart blieb.

§ 22. Der Dat. Abl. Pl. weist teils durch *bh*, teils durch *m* charakterisierte Suffixe auf.

Idg. *-*bhi̯os* = ai. -*bhyaḥ* erscheint in allen Klassen des Ai.: *áśvā-bhyaḥ* (*ā*-St.), *vṛ́kē-bhyaḥ* (*ŏ*-St.; mit *ē* < idg. **oi*, wohl nach dem Pronomen, vgl. ai. *tḗ-bhyaḥ* § 35), *ávi-bhyaḥ* (*i*-St.), *sūnú-bhyah* (*u*-St.), *nau-bhyáḥ* (diphth. St.), *vāg-bhyáḥ* (St. auf Verschlußlaut), *mánō-bhyaḥ* (statt **mánas-bhyaḥ*, *s*-St.), *rā́ja-bhyaḥ* (< **rēĝn̥-bhi̯os*, *n*-St.), *mātŕ̥-bhyaḥ* (*r*-St.).

Die gleiche Endung ist auch iranisch und erscheint im Avest. als *-byō*, z. B. *gairibyō* „den Bergen"

Dem **-bhios* verwandt, erscheint idg. **-bhos* im Lat., Ven. und Illyr.-Messap., ähnlich *-bo* im Kelt. (Gall.). — Lat. *-bos* (altlat. *nave-bos*) > *-bus* bei den *ā*-Stämmen (*deā-bus*, doch hier vielleicht Neubildung), *i*-Stämmen (*ovi-bus*; von da auf alle konsonant. Klassen übertragen: *lēg-i-bus*, *gener-i-bus*, *homin-i-bus*, *mātr-i-bus*), *u*-Stämmen (*manu-bus*) und diphthong. Stämmen (*bū-bus* < **gʷou-bhos*). — Venet. *-bos* bei den *ŏ*-Stämmen: *loudero-bos* „den Kindern"; messap.-illyr. *-bas* bei den *ā*- und *i*-Stämmen (sonst nicht belegt): *laidehia-bas logeti-bas* (Göttinnen). — Gall. *-bo* in *matre-bo namausika-bo* „den Müttern von Nemausos"

Statt dieser *bh*-haltigen Elemente erscheinen im Balt. und Slav. durch *m* charakterisierte Formantien: altlit. *-mus* > lit. *-ms*; abulg. *-mъ* (wohl < **-mos*). — *ā*-Stämme: lit. *rañko-ms*, abulg. *rǫka-mъ*. — *ŏ*-Stämme: altlit. *vilka-mus*, lit. *vilkà-ms*, abulg. *vlъko-mъ*. — *i*-Stämme: lit. *naktì-ms*, abulg. *noštь-mъ*. — *u*-Stämme: altlit. *sūnu-mus*, lit. *sūnù-ms*, abulg. *synъ-mъ*. — Die übrigen Klassen nach den *i*-Stämmen: altlit. *šun-i-mus* „den Hunden", lit. *akmen-i-ms*, abulg. *kamen-ь-mъ*; altlit. *moter-i-mus*, lit. *moter-i-ms*, abulg. *mater-ь-mъ* usw.

Die germ. „Dat."-Formen sind wohl alte Instrumentale (§ 24), die des Griech. ebenfalls bzw. Lokative (§ 23).

§ 23. Der Lok. Pl. hatte den idg. Ausgang *-su*, der im Ai. nach gewissen Lauten zu *-ṣu*, im Abulg. zu *-chъ* werden mußte. Im Griech. wurde das zu erwartende **-συ* nach dem Dat.-Lok. Sg. auf -ι in -σι (als Dat. Pl.) umgebildet. Während das Germ. keine Spuren einer entsprechenden Bildung aufweist, kann im Lat. in dem Dat.-Abl. auf *-īs* bei den *ŏ*-Stämmen (und analog dazu bei den *ā*-Stämmen) eine alte Lok.-Form auf idg. *-su* vorliegen; doch vgl. auch § 24.

ā-Stämme: idg. **ek̑u̯ā-su* = ai. *áśvā-su*; gr. Ἀθήνη-σι „in Athen" (χώραισι > χώραις ist Neubildung nach dem -οισι der *ŏ*-Stämme); altlit. *rañko-su* (> lit. *rañkose*, umgebildet nach dem Lok. Sg. *rañkoje*) = abulg. *rǫka-chъ*. — *ŏ*-Stämme: idg. **u̯l̥q*ʷ*oi-su* (mit *-oi-* aus der Pronominalflexion) = ai. *vŕ̥kē-ṣu*, gr. λύκοισι > λύκοις, lat. *lupī-s* (< **-ois*; vgl. osk. *nesimoi-s* „proximīs", doch siehe auch § 24; danach bei den *ā*-Stämmen: osk. *deivinai-s* „dīvīnīs", lat. *equī-s*), abulg. *vlъcě-chъ*, (lit. *vilkuo-se*, vgl. *ā*-Stämme). — *i*-Stämme: ai. *ávi-ṣu*, gr. (dor.) ὄφι-σι (πόλε-σι ist Neubildung), altlit. *tri-su* „in drei", abulg. *noštь-chъ*. — *u*-Stämme: ai. *sūnú-ṣu*, abulg. *synъ-chъ* (gr. πήχε-σι statt *πήχυ-σι ist Neubildung). — *ī*- und *ū*-Stämme: ai. *dhī-ṣú*, *bhrū-ṣú*; gr. κῖ-σί. — Diphthong. Stämme: ai. *nau-ṣú*, gr. ναυ-σί; ai. *gṓ-ṣu*, gr. βου-σί. — Stämme auf Verschlußlaut: idg. **pot-su* (für **pod-su* nach I § 39) „in den Füßen" = ai. *pat-sú*, gr. (hom.) ποσ-σί > ποσί; abulg. *telęt-ь-chъ* (nach den *i*-Stämmen). — *s*-Stämme: idg. **ĝénes-su* (> **ĝenesu*) = ai. *jánassu*, *jánasu*; gr. γένεσσι > γένεσι; (abulg. *sloves-ь-chъ* nach den *i*-Stämmen). — *n*-Stämme: ai. *rā́ja-su* (<**rēĝn̥-su*), gr. ποιμέ-σι, ἡγεμό-σι (umgebildet für *-α-σι < **-n̥-su*); (abulg. *kamen-ь-chъ*). — *r*-Stämme: idg. **mātr̥-su* = ai. *mātŕ̥-ṣu*, gr. μητρά-σι; (abulg. *mater-ь-chъ*).

§ 24. Der Instr. Pl. wurde bei den *ŏ*-Stämmen auf idg. **-ōis* gebildet: idg. **u̯l̥q*ʷ*ōis* = ai. *vŕ̥kaiḥ*, lit. *vilkaīs*. Auch gr. λύκοις, osk. *nesimois*, lat. *lupīs* (§ 23) kann teilweise auf diesen Instr. zurückgehen.

Daneben stehen (ähnlich wie im Dat. Pl., § 22; vgl. auch den Instr. Sg., § 12) *bh*- und *m*-Formantien. Das Ai. hat in allen Klassen idg. **-bhis*: *áśvā-bhiḥ*, *vŕ̥kē-bhiḥ* (so ved. für *vŕ̥kaiḥ*), *ávi-bhiḥ*, *sūnú-bhiḥ*, *nau-bhíḥ*, *vāg-bhíḥ*, *rā́ja-bhiḥ* usw.

Dem **-bhis* des Ai. entspricht im Armen. (mit unerklärtem *-k'* statt *-s*) ein Ausgang *-bk'* bzw. *-vk'*, z. B. *gailo-vk'* zu *gail* „Wolf", im Air. ein *-b*, z. B. *feraib* (als Dat.) zu *fer* „Mann".

Das Lit. hat *-mis*, das Abulg. *-mi*. Auch die german. Dat. Pl. gehen eher auf einen Instr. auf idg. **-mis* als auf einen Dat. auf **-mos* (§ 22) zurück. *ā*-Stämme: lit. *rañkomis*, abulg. *rąka-mi*; got. *gibō-m*. — *ŏ*-Stämme: got. *wulfa-m*. — *i*-Stämme: lit. *nakti-mìs*, abulg. *noštь-mi*; got. *gasti-m* (vgl. wgerm. *deabus Afli-ms*). — *u*-Stämme: lit. *sūnu-mìs*, abulg. *synъ-mi*, got. *sunu-m*. — Die konsonant. Klassen des Lit. und Abulg. zeigen Umbildung nach den *i*-Stämmen: lit. *akmen-i-mìs*, *moter-i-mìs*; abulg. *kamen-ь-mi*, *mater-ь-mi*. Das Germ. hat Analogieformen zu denen der vokal. Klassen: got. *gumam*, *tuggōm* usw.

§ 25. Deklinations-Beispiele. Um abschließend eine Anschauung davon zu vermitteln, in welchem Ausmaß Deklinations-Schemata für die idg. Grundsprache erschlossen werden können (und wo — andrerseits — Lücken in unserem Wissen bestehen), werden hier als Proben der Sing. der mask. *ŏ*-Stämme und der Sing. der (geschlechtigen) Stämme auf Verschlußlaut in Übersichtstabellen vorgeführt.

Als Musterwörter dienen für die *ŏ*-Stämme idg. **u̯l̥qᵘo-s* (bzw. **luqᵘo-s*) „Wolf", für die konsonant. Stämme teils idg. **noqt-s* „Nacht", teils idg. **u̯ōq-s* „Wort, Stimme". Wo in den Einzelsprachen Formen der betr. Musterwörter fehlen, sind in Klammern Formen anderer Wörter eingesetzt. Kasusbildungen, welche auf späterer Neuerung beruhen, sind mit eckigen Klammern versehen. Bei den konsonant. Stämmen bleiben das Lit. und Abulg. unberücksichtigt, weil dort diese Stammklasse die idg. Formen nur noch lückenhaft fortgesetzt hat.

Singular der idg. ŏ-Stämme

	idg.	ai.	griech.	lat.	got. — ahd.	lit.	abulg.
Nom.	*u̯l̥qᵘ̯os	vŕ̥kaḥ	λύκος	lupus	wulfs — wolf	vil̃kas	vlъkъ
Vok.	*u̯l̥qᵘ̯e	vŕ̥ka	λύκε	lupe	wulf — wolf	vil̃ke	vlъče
Akk.	*u̯l̥qᵘ̯om	vŕ̥kam	λύκον	lupum	wulf — wolf	vil̃ką	vlъkъ
Gen.	*u̯l̥qᵘ̯e/os(i̯)o	vŕ̥kasya	λύκοιο	[lupī]	wulfis — wolfes	—	—
Abl.	*u̯l̥qᵘ̯ōd	vŕ̥kāt	(ϝοίκω, § 9)	lupō(d)	—	[Gen.] vil̃ko	[Gen.] vlъka
Dat.	*u̯l̥qᵘ̯ōi	vŕ̥kāy-a	λύκῳ	lupō, (dvenoi)	— — wolfe	vil̃kui	[vlъku]
Instr.	*u̯l̥qᵘ̯ō/ē	(ved.) vŕ̥kā [vŕ̥kēna]	(πώ-ποτε, πή-ποκα, § 12)	—	[Dat.] wulfa — wolfu	vilkù	[vlъkomь]
Lok.	*u̯l̥qᵘ̯oi/ei	vŕ̥kē	(οἶκοι, οἴκει, § 11)	(bellī, § 11)	— — (ags. wulfi, § 11)	(namiẽ, § 11)	vlъce

Singular der idg. Stämme auf Verschlußlaut

	idg.	al.	griech.	lat.	got. — ahd.
Nom.	*noqts	vā́k	νύξ	nox	nahts — naht
Vok.	*noqt	vā́k	(παῖ, γύναι, I § 46)	—	—
Akk.	*noqtm̥	vā́cam	νύκτα	noctem	naht — naht
Gen.-Abl.	*noqtes/os	vācáḥ	νυκτός	noctis	nahts — naht
Dat.	*noqtei	vācḗ	—	noctī	—
Instr.	?	[vācā́, § 12]	—	—	—
Lok.	*noqti	vācí	[Dat.] νυκτί	[Abl.] nocte	[Dat.] naht — naht

2. Das Adjektivum

a) Die einzelnen Stammklassen

§ 26. Das idg. Adjektivum ist grundsätzlich und ursprünglich vom Substantivum nicht verschieden. Es besitzt jedoch eine Reihe von Eigentümlichkeiten, die ihm eine gewisse Sonderstellung einräumen. Das sind die Motionsfähigkeit (Bildung aller drei Genera vom gleichen Wortstamm), die Steigerung und — wenigstens teilweise — eine von der des Substantivs verschiedene Flexion.

Die Stammklassen sind dieselben wie beim Substantivum (vgl. § 3); die hauptsächlichsten Typen sind folgende:

1. *ŏ*-Stämme.

Typus ai. *náva-ḥ*, *návā*, *náva-m* „neu"
gr. νέο-ς, νέᾱ, νέο-ν
lat. *novo-s*, *nova*, *novo-m*
lit. *naũja-s*, *naujà*, —
abulg. *novъ*, *nova*, *novo*
got. *blind-s*, *blinda*, *blind* „blind".

Das Neutr. wird von demselben *ŏ*-Stamm wie das Masc. gebildet (vgl. gr. δῶρο-ν neben φίλο-ς usw.), das Fem. als *ā*-Stamm. Doch finden sich im ältesten Ai. auch Spuren einer Fem.-Bildung nach den *ī*-/*i̯ā*-Stämmen („*ī*-Motion"), z. B. ai. *yahvá-ḥ* „schnell dahinschießend", Fem. *yahvī́*. — Als Rest eines altertümlichen Zustandes haben sich teilweise „Adjektiva zweier Endungen" erhalten, d. h. solche, wo die eine Form dem Masc. und Fem. gemeinsam ist, die andere das Neutr. bezeichnet, so im Griech. die zusammengesetzten Bildungen wie ῥοδοδάκτυλος „rosenfingrig" und einige nicht zusammengesetzte wie ἥμερος „zahm".

Die Flexion ist im allgemeinen die gleiche wie bei den entsprechenden Substantiva. Doch gehen im Ai. und Lat. die sog. „Pronominaladjektiva" z. T. nach der Pronominaldeklination, so ai. *sárva-ḥ* „all" (z. B. Nom. Pl. Masc. *sárvē* wie *té*, § 35), lat. *totus* (z. B. Gen. Sg. *totīus* wie *illīus*). Im Germ. ist überhaupt das Adjektiv der *ŏ*- und *ā*-Stämme zum größten Teil in die Pronominalflexion übergetreten (das sog. „starke Adjektivum"), und diese Art der Deklination ist dann auch auf die übrigen Stammklassen übertragen worden, z. B. got. Neutr. *blind* (wie Subst. *waúrd*), aber daneben *blindata* (wie Pronom. *þata*), Dat. Sg. *blindamma* wie *þamma* usw. (vgl. § 30).

2. *i*-Stämme.

Typus ai.	*śúci-ḥ*	Neutr. *śúci* „rein"
gr.	ἴδρι-ς	ἴδρι „kundig"
lat.	*brevi-s*	*breve* (< *-*i*, I § 47) „kurz"
got.	*hrain-s*	*hrain* „rein".

Im Balt. und Slav. ist dieser Typus nicht vorhanden. Eine besondere Form für das Fem. wird nicht gebildet.

3. *u*-Stämme.

Typus ai. *svādú-ḥ*, *svādv-í*, *svādú* „süß"
gr. ἡδύ-ς, ἡδε-ῖα, ἡδύ
got. *hardu-s* Neutr. *hardu* „hart"
lit. *saldù-s*, Fem. *sald-ì* „süß".

Das Lat. hat die *u*-stämmigen Adjektiva aufgegeben und zumeist in *i*-Stämme verwandelt, z. B. *suāvis* „süß" < **su̯ādu̯-i-s* (= ai. *svādúḥ*, gr. ἡδύς), *tenu-i-s* „dünn" (= gr. τανύ-). Die Fem.-Bildung geschieht durch *ī*-Motion, im Ai. mit Schwundstufe des *u*-Stammes (**su̯ādu̯-ī́*), im Griech. mit dessen Vollstufe (**su̯ādéu̯-i̯ə*). Das Got. hat diese Fem.-Bildung aufgegeben.

4. Stämme auf Verschlußlaut. Hierher z. B. die Bildungen mit dem idg. Suffix *-*u̯ent*-, das ein „Versehensein mit etwas" ausdrückt: gr. ὀπόεντ- (Nom. ὀπόεις) < **opou̯ent*- „saftig" = ai. *ápavant*- (Nom. *ápavān*) „wässerig". Fem.-Bildung durch *ī*-Motion: ai. *ápavat-ī* (< **opou̯n̥t-ī*), gr. ὀπόεσσα

(< *opou̯ent-i̯ə). Hierher ferner alle -*nt*-Participia: ai. *bhárant-*, gr. φέροντ-, lat. *ferent-*, got. *baírand-* „tragend", lit. *dḗgant-* „brennend", abulg. *vedǫt-* „führend" (vgl. § 65, 1).

Andere Typen auf Verschlußlaut sind „Adjektiva einer Endung" wie gr. ἅρπαξ, lat. *rapāx* „räuberisch", worin wahrscheinlich ein sehr altertümlicher Zustand (ohne Genusbildung) bewahrt ist.

5. *s*-Stämme. Nur im Ai. und Griech. als lebendiger Typus vorhanden:

ai. *sumánas-* „wohlwollend": Masc. Fem. *sumánāḥ*, Neutr. *sumánaḥ*;

gr. ψευδεσ- „trügerisch": Masc. Fem. ψευδής, Neutr. ψευδές.

Meist sind es Komposita, die zu substantivischen *s*-Stämmen gehören: ai. *dur-mánāḥ* „mißmutig" = gr. δυσ-μενής „feindselig" (zu ai. *mánas-*, gr. μένος „Sinn").

6. *n*-Stämme. Im Germ. kann jedes Adjektiv als *n*-Stamm flektieren. Diese sog. „schwache Adjektivdeklination" ist aber erst eine germ. Neuerung, z. B. got. *blinda, blindō, blindō* (Stamm *blindin-/blindan-* und *blindōn-*).

In anderen Sprachen kommen nur vereinzelt *n*-stämmige Adjektiva vor, z. B. gr. μέλας (Gen. μέλαν-ος), μέλαινα (< *μέλαν-i̯α), μέλαν „schwarz".

b) Die Steigerung

α) Bildung des Komparativs

§ 27. Das gebräuchlichste Komparativsuffix war idg. -*i̯es-/-i̯os-* (Dehnstufe -*i̯ēs-/-i̯ōs-*) mit der Schwundstufe -*is-*; es trat entweder an den reinen oder an einen um -*ī*- erweiterten Stamm an. In den Einzelsprachen finden sich folgende Reflexe dieser Bildung:

Ai. (ohne -*ī*-) *náv-yas-* (= lat. *novior*) zu *náva-* „neu", (mit -*ī*-) *svā́d-ī-yas-* zu *svādú-* „süß". — Gr. (ohne -*ī*-) μέζω „größer"

(Akk. Sg.) < *meg-i̯os-m̥, (mit -ī-) ἡδίω „süßer" (Akk. Sg. < *su̯ād-ī-i̯os-m̥. — Lat. *maior*, *maiōr-is* „größer" < *mag-i̯ōs-, Neutr. *maius* < *mag-i̯os* (die Schwundstufe in *mag-is* „mehr"). — Abulg. Neutr. *bolje* „größer" < *bol-i̯es (Masc. *bolьjь*). — Daneben stehen Erweiterungen um *n*-haltige Suffixe: gr. ἡδίων (Gen. ἡδίον-ος) < idg. *su̯ād-is-on- „süßer"; got. *batiza* „besser" < idg. *-is-ēn. Etwas anders lit. *saldēsnis* „süßer" < idg. *sald-i̯es-ni̯o-s.

Neubildungen sind der germ. Typus got. *frōdōza* „klüger" (zu *frōþs*) und der slav. Typus abulg. *nově-jь* „neuer", ersterer beeinflußt von Adverbien auf -ō, letzterer von solchen auf -ē[1]).

Im Ai. und Griech. ist außerdem ein Suffix idg. -*tero*- zur Bildung des Komparativs produktiv geworden: ai. *āmá-tara-ḥ* = gr. ὠμό-τερο-ς „roher". Es tritt nicht nur an Stammformen des Adjektivs, sondern (und zwar ursprünglicher?) auch an Adverbialformen an, so gr. παλαί-τερο-ς „älter" (zu πάλαι „vor alters").

Außerhalb der Komparativbildung hat das Suffix -*tero*- eine weitere Verbreitung zur Bezeichnung einer vergleichenden Gegenüberstellung: lat. *noster* — *vester*, *sinister* — *dexter*; gr. ἡμέτερος — ὑμέτερος, ἀριστερός — δεξιτερός usw.

β) Bildung des Superlativs

§ 28. Zur Bildung des Superlativs dient im Ai., Griech. und Germ. ein Suffix idg. *-*isto*-, dessen erster Bestandteil -*is*- zu der Schwundstufe des Komparativsuffixes *-i̯es- (§ 27) in Beziehung steht, während -*to*- mit dem gleichlautenden Element der Ordinalzahlwörter (ai. *ṣaṣ-ṭhá-ḥ*, gr. ἕκ-το-ς, lat. *sex-tu-s*; vgl. § 42) identisch zu sein scheint. Ai. *svā́d-iṣṭha-ḥ*, gr. ἥδ-ιστο-ς „der süßeste"; got. *manag-ist-s* (zu *managṣ* „viel").

Im Ai. ist ferner eine Bildung auf idg. *-*tm̥mo*- produktiv geworden, das auch im Lat. und Germ. Spuren hinterlassen

[1]) Vgl. J. Kuryłowicz, Sprachgesch. u. Wortbedeutung, Festschr. A. Debrunner (Bern 1954) 251 ff.

hat: ai. *án-tama-ḥ* „der nächste, werteste" = lat. *in-timu-s* „der innerste, vertrauteste"; got. (mit komparativischer Geltung und *n*-Flexion) *aftuma* „posterus" u. dgl. Im Ai. stellen sich diese Superlative zu den Komparativen auf *-tara-*: *āmá-tama-ḥ* zu *āmá-tara-ḥ* usw. In derselben Weise steht im Griech. neben den Komparativen auf -τερο- ein Superlativ auf -τατο-, eine innergriechische Neubildung, die wohl auf Umformung des zu erwartenden *-ταμο- (nach -ισ-το-?) beruht[1]: ὠμό-τατο-ς neben Komparativ ὠμό-τερο-ς usw.

Das Lat. hat (wie das Kelt.) eine Neubildung auf **-s-m̥mo-* bzw. **-is-m̥mo-*: lat. *maximus* < **mag-sm̥mo-s*; *facillimus* < **facl-ism̥mo-s* usw.; ähnlich air. *nessam* < **ned-sm̥mos* „der nächste" = osk. *nessimas* „proximae". Die Neubildung auf lat. *-issimus* (z. B. *altissimus*) ist noch nicht sicher erklärt.

Das Lit. und das Slav. haben die altidg. Superlativbildungen nicht fortgesetzt.

γ) Suppletive Steigerung

§ 29. Eine in den idg. Sprachen verbreitete Eigentümlichkeit ist die, daß gewisse Adjektiva, besonders Ausdrücke für „gut" und „schlecht", „groß" und „klein", ihre Steigerungsgrade von etymologisch verschiedenen Wortstämmen bilden (sog. „suppletive" Steigerung), z. B.

gr.	ἀγαθός	— ἀμείνων	— ἄριστος
lat.	*bonus*	— *melior*	— *optimus*
got.	*gōþs*	— *batiza*	— *batists* „gut" usw.

gr.	μικρός	— ἐλάττων	— ἐλάχιστος
lat.	*parvus*	— *minor*	— *minimus*
got.	*leitils*	— *minniza*	— *minnists*
abulg.	*malъ*	— *mьnjijь*	— „klein" usw.

[1]) Anders R. Aitzetmüller, Slavistična Revija 3 (1950) 289—296.

3. Das Pronomen

§ 30. Vorbemerkung. Die Formenbildung der Pronomina ist zwar im Prinzip die gleiche wie bei den übrigen Nominalklassen (Substantiv, Adjektiv, Numerale), doch weist sie gegenüber diesen eine Reihe von Besonderheiten auf, so daß man sich berechtigt sieht, für das Idg. eine Nominaldeklination (im engeren Sinne) und eine Pronominaldeklination zu unterscheiden. Die abweichenden Momente in der Formenbildung des Pronomens sind in der Hauptsache folgende:

1. Das Pronomen (zumal das Personalpronomen) verwendet teilweise verschiedene Stämme bzw. Wurzeln in ein und demselben Paradigma, z. B. lat. *ego* — *mihī*, *mē* — *nōs*, got. *ik* — *mis*, *mik* — *weis* — *uns* (§ 31); ai. *sá*, *sā́* — *tát* = gr. ὁ, ἡ — τό = got. *sa*, *sō* — *þata* (§ 35).

2. Zwischen Stamm und Flexionsendung erscheinen beim Pronomen des öfteren gewisse „Zwischenstücke", z. B. idg. *-sm-* in ai. Dat. Sg. *tá-sm-ai*, Abl. Sg. *tá-sm-āt*, auch got. Dat. Sg. *þa-mm-a* < **to-sm-ē* (§ 35), ähnlich umbr. *e-sm-ei* „huic" u. a.; idg. *-s-* in ai. Gen. Pl. *tḗ-ṣ-ām* < **toi-s-ōm*, got. *þi-z-ē* (§ 35); *-dan-* in heth. Dat. Sg. *kē-dan-i* zu *kā-* „dieser".

3. Mehrfach hat das Pronomen andere Kasus-Endungen als das Nomen, so im Nom. Pl. Masc. der *ŏ*-Stämme idg. *-oi* in gr. (dor.) τοί = ai. *tḗ*, got. *þai* usw. (§ 35) gegenüber *-ōs* beim Nomen (got. *dagōs* usw., § 18), besonders charakteristisch auch das *-d* im Nom. Akk. Sg. des Neutr.: idg. **tod* = ai. *tád*, *tát*, got. *þat-a*, lat. *is-tud* usw., ähnlich lat. *quid*, heth. *kuit* usw.

4. Häufig werden Pronominalformen durch hinweisende („deiktische") Partikeln verstärkt; vgl. lat. *ego-met*, *hī-c*, *id-em*, gr. οὑτοσ-ί, got. *þat-a* u. dgl.

In den Einzelsprachen hat vielfach eine Vermischung von nominaler und pronominaler Flexion stattgefunden. Besonders sind pronominale Formen in die Nominaldeklination eingedrungen; vgl. etwa lat. *lupī*, gr. λύκοι usw. gegenüber got.

wulfōs, ai. *vṛ́kāḥ* (§ 18). Namentlich vom Adjektiv wurden, begünstigt durch die „Pronominaladjektiva“, gern pronominale Endungen übernommen, am stärksten im Germ. (got. *blindamma* wie *þamma* usw.; § 26, 1). Das Umgekehrte, nämlich Übernahme nominaler Formen ins Pronomen, hat z. B. im Osk.-Umbr. stattgefunden, vgl. osk. *pús* < **qᵘōs* „welche“ (gegenüber lat. *quī* < **qᵘoi*) wie *Núvlanús* (§ 18).

a) Das Pronomen Personale der 1. und 2. Person und das Pron. Reflexivum

Die Pronomina der 1. und 2. Pers. sowie das Reflexivum sind **ungeschlechtig**, d. h. sie kennen für Masc., Fem. und Neutr. zusammen nur je eine Form. Zum Ausdruck der 3. Pers. dient in den Einzelsprachen das „anaphorische“ Pronomen (§ 36), das „geschlechtig“ ist. Die Rekonstruktion idg. Grundformen ist bei den Pers.-Pronomina in den meisten Kasus sehr schwierig bzw. unmöglich, da die Einzelsprachen z. T. weit auseinandergehen.

§ 31. Das **Pronomen der 1. Person** weist in den Einzelsprachen folgende Formen auf:

	Ai.	Griech.	Lat.	Got.	Lit.	Abulg.
Sing.						
Nom.	*ahám* „ich“	ἐγώ	*ego*	*ik*	*àš*	*azъ*
Akk.	*mā́m*, *mā*	ἐμέ, με	*mē*	*mik*	*manę̀*	*mene*, *mę*
Instr.	*máyā*				*manimì*	*mъnojǫ*
Dat.	*máhyam*, *mē*	ἐμοί, μοι	*mihī̆*	*mis*	*mán*	*mьně*, *mi*
Abl.	*mát*		*mē* < *mēd*			
Gen.	*máma*, *mē*	ἐμοῦ, μου	*meī*	*meina*	*manę̃s*	*mene*
Lok.	*máyi*				*manyjè*	*mьně*
Dual.						
N.A.V.	*āvā́m*[1]) „wir beide“	νῶϊ		N. *wit*	N.A. *mù-du*	*vě* (Akk. enkl. *na*)

[1]) Im Vedischen wird im Dual unterschieden Nom. *āvám*, Akk. *āvā́m*; außerdem existiert eine besondere Abl.-Form *āvát*.

I.D.Abl.	āvā́bhyām	νῷϊν		A.D. ugkis	D.I. mù-dviem	naju
Gen.Lok	āváyōḥ			G. *ugkara	G. mù-dviejų̄ (auch Lok.)	nama
(für alle enkl. *nau*)						
Plur.						
Nom.	*vayám*	ἡμεῖς	*nōs*	*weis*	*mēs*	*my*
Akk.	*asmā́n*, *naḥ*	ἡμᾶς	*nōs*	*uns*, *unsih*	*mùs*	*nasъ*, *ny*
Instr.	*asmā́bhiḥ*				*mumìs*	*nami*
Dat.	*asmá-bhyam*, *naḥ*	ἡμῖν	*nōbis*	*uns*, *unsih*	*mùms*	*namъ*, *ny*
Abl.	*asmát*		*nōbis*			
Gen.	*asmā́kam*, *naḥ*	ἡμῶν	*nostrī*, *-um*	*unsara*	*músų̄*	*nasъ*
Lok.	*asmā́su*				*mūsyjè*	*nasъ*

Im Sg. hat nur der Nom. eine vokalisch anlautende Form (idg. **eĝ* mit verschiedenen Erweiterungen; vgl. W. Brandenstein, Gedenkschr. P. Kretschmer I, 1956, 52). Alle übrigen Sg.-Formen sind von einem mit *m*- anlautenden Stamm (idg. **me-*) gebildet, z. B. Akk. idg. **mēm* = ai. *mām*, abulg. *mę*, Dat. idg. **me-ĝhi* = *máhy-am*, lat. *mihi* usw. Im Plur. erscheint ein Stamm **ne-/n̥-* usw., z. B. ai. *naḥ*, lat. *nōs*, got. *uns* (< **n̥s*), der teilweise auch in den Dual übernommen wurde: gr. νῷϊ, ai. *nau*. Auch in den ai. Formen, die mit *as*- anlauten (*asmā́n* usw.), liegt idg. **n̥s-* zugrunde; die *m*-Erweiterung ist die gleiche wie in gr. ἡμε- < *ἀσμε- < **n̥s-me-*. Der Stamm des Duals lautete mit *u̯*- an: got. *wit*, abulg. *vě* usw. Er ist teilweise auch in den Plur. übertragen worden: ai. *vayám*, got. *weis*. — Wegen der nicht akzentuierten Formen des Ai. und Griech. vgl. I § 12b.

§ 32. Das Pronomen der 2. Person weist in den Einzelsprachen folgende Formen auf:

	Ai.	Griech.	Lat.	Got.	Lit.	Abulg.
Sing.						
Nom.	*tvám*	σύ	*tū*	*þu*	*tù*	*ty*
Akk.	*tvā́m, tvā*	σέ	*tē*	*þuk*	*tavè*	*tebe, tę*
Instr.	*tváyā*				*tavimì*	*tobojǫ*
Dat.	*túbhyam, tē*	σοί	*tibī*	*þus*	*táv*	*tebě, ti*
Abl.	*tvát*		*tē < tēd*			
Gen.	*táva, tē*	σοῦ	*tuī*	*þeina*	*tavę̃s*	*tebe*
Lok.	*tváyi*				*tavyjè*	*tebě*
Dual.						
N.A.V.	*yuvā́m* [1]	σφῶϊ		N. **jut*	N.A. *jù-du*	*va*
I.D.Abl.	*yuvā́bhyām*	σφῶϊν		A.D. *igqis*	D. *jù-dviem*	D.I. *vaju*
G.L.	*yuváyōḥ*	σφῶϊν		G. *igqara*	*jù-dviejų*	G.L. *vama*
	(für alle enkl. *vām*)					
Plur.						
Nom.	*yūyám*	ὑμεῖς	*vōs*	*jūs*	*jū̃s*	*vy*
Akk.	*yuṣmā́n, vaḥ*	ὑμᾶς	*vōs*	*izwis*	*jùs*	*vasъ, vy*
Instr.	*yuṣmā́bhiḥ*				*jumìs*	*vami*
Dat.	*yuṣmábhyam, vaḥ*	ὑμῖν	*vōbīs*	*izwis*	*jùms*	*vamъ, vy*
Abl.	*yuṣmát*		*vōbīs*			
Gen.	*yuṣmā́kam, vaḥ*	ὑμῶν	*vestrī, -um*	*izwara*	*jū́sų*	*vasъ*
Lok.	*yuṣmā́su*				*jūsyjè*	*vasъ*

Im Sing. steht der Stamm **teu̯e-/teu̯o-* in verschiedenen Ablautsformen (**tu-* bzw. **tu̯-*, **te-/to-*, **tu̯e-/tu̯o-*). Im Plur. wechselt der Stamm **i̯u-* mit dem Stamm **u̯e-*, ähnlich im Dual.

---

[1]) Vedisch *yuvám, yuvam, yuvát* wie beim Pron. der 1. Person (§ 31, Anm. 1).

§ 33. Das Pronomen Reflexivum hatte den idg. Stamm *seu̯e- mit entsprechenden Ablautsformen wie bei *teu̯e- im Pron. der 2. Person. Das Ai. kennt nur das indeklinable *svayám* „selbst". Die übrigen Einzelsprachen zeigen folgenden Formenbestand:

	Griech.	Lat.	Got.	Lit.	Abulg.
Akk.	ἕ < Fέ	*sē*	*sik*	*savę̀*	*sebe, sę*
Instr.				*savimì*	*sobojǫ*
Dat.	οἷ	*sibī̆*	*sis*	*sáv*	*sebě, si*
Abl.		*sē* < *sēd*			
Gen.	οὗ	*suī*	*seina*	*savęs*	*sebe, si*
Lok.				*savyjè*	*sebě*

Die drei Numeri sind von Hause aus gleichlautend und sind es auch in den meisten Einzelsprachen geblieben. Das Griech. hat sich mit pluralischem σφᾶς, σφίσι, σφῶν usw. eine Neuerung geschaffen.

b) Pronomina Possessiva

§ 34. Die Pronomina possessiva, die wie Adjektiva flektieren (vgl. § 26), sind auf den gleichen Stämmen wie die Pron. personalia der 1. und 2. Pers. und das Reflexivum aufgebaut.

	Ai.	Griech.	Lat.	Got.	Lit.	Abulg.
Sg. 1. Pers.	*madī́ya-ḥ,*	ἐμό-ς	*meu-s*	*mein-s*	*mãna-s*	*mojь*
„mein"	*māmaká-ḥ*		<*mei̯-o-s*			
2. Pers.	*tvadī́ya-ḥ,*	τεό-ς,	*tuo-s*	*þein-s*	*tãva-s*	*tvojь*
„dein"	*tāvaká-ḥ*	σό-ς	> *tuu-s*			
Pl. 1. Pers.	*asmadī́ya-ḥ,*	ἡμέτε-	*noster*	*unsar*	—	*našь*
„unser"	*āsmāká-ḥ*	ρο-ς				
2. Pers.	*yuṣmadī́ya-ḥ,*	ὑμέτε-	*vester*	*izwar*	—	*vašь*
„euer"	*yauṣmāká-ḥ*	ρο-ς				
3. Pers. (Refl.)	*svá-ḥ*	ἑό-ς, ὅ-ς	*sovo-s*	*sein-s*	*sãva-s*	*svojь*
„sein, ihr"			> *suu-s*			

Zum Teil liegen Adjektiva mit (verschiedenen) Zugehörigkeitssuffixen vor (z. B. *-no-* in got. *meins* < idg. **mei-no-s*, lit. *mãnas* < idg. **mo-no-s*, auch einfaches *-o-* in gr. ἐμ-ό-ς, lat. *sov-o-s* usw.); zum Teil handelt es sich um Gegensatzpaare, so mit Suffix *-tero-* in lat. *noster/vester* usw. (vgl. § 27 Ende).

e) Pronomina Demonstrativa

§ 35. Das gebräuchlichste idg. Demonstrativpronomen im Sinne von „der, die, das" bzw. „dieser" war von einem Stamm **te-/to-* gebildet, der für alle Kasus mit Ausnahme des Nom. Sg. Masc. Fem. galt. Diese letzteren weisen einen Stamm **so-* auf. Im Lat. ist dieses Pron. nur noch in dem zweiten Bestandteil von *is-te*, *is-ta*, *is-tud* erhalten.

Maskulinum

		Ai.	Griech.	Got.	Lit.	Abulg.
Sg.	Nom.	*sá, sáḥ*	ὁ	*sa*	*tàs*	*tъ*
	Akk.	*tám*	τόν	*þana*	*tą̃*	*tъ*
	Instr.	*tḗna*			*túo, tuomì*	*těmь*
	Dat.	*tásmai*	τῷ	*þamma*	*tám*	*tomu*
	Abl.	*tásmāt*				
	Gen.	*tásya*	τοῦ	*þis*	*tõ*	*togo*
	Lok.	*tásmin*			*tamè*	*tomь*
Du.	N.A.	*táu*	τώ		*tuõ-du*	*ta*
	I.D.Abl.	*tā́bhyām*	τοῖν		Instr. *tiẽm-dviem*	
					Dat. *tíem-dviem*	D.I. *těma*
	G.Lok.	*táyōḥ*			Gen. *tų̃-dviejų̃*	G.L. *toju*
Pl.	Nom.	*tḗ*	dor. τοί, att. οἱ	*þai*	*tiẽ*	*ti*
	Akk.	*tā́n*	τόνς > τούς	*þans*	*túos, tùs*	*ty*
	Instr.	*táiḥ*			*taĩs*	*těmi*
	Dat. (Abl.)	*tḗbhyaḥ*	τοῖσι > τοῖς (Lok.)	*þaim*	*tíems*	*těmъ*
	Gen.	*tḗṣām*	τῶν	*þizē*	*tų̃*	*těchъ*
	Lok.	*tḗṣu*			*tuosè*	*těchъ*

Neutrum

Sg. N.A.	*tát*	τό	*þata*	—	*to*
			Instr. *þē*		
			Lok. *þei*		
Du. N.A.	*tḗ*	wie Masc.	—	—	*tě*
Pl. N.A.	*tā́ni*	τά	*þō*	—	*ta*

Sonst wie Masc.

Femininum

Sg. Nom.	*sā́*	ἡ	*sō*	*tà*	*ta*
Akk.	*tā́m*	τήν	*þō*	*tą̃*	*tǫ*
Instr.	*táyā*			*tą́*	*tojǫ*
Dat.	*tásyai*	τῇ	*þizai*	*taĩ*	*toji*
Gen.	*tásyāḥ*	τῆς	*þizōs*	*tõs*	*toję*
Lok.	*tásyām*			*tojè*	*toji*
Du. N.A.	*tḗ*	wie Masc.		*tiẽ dvi*	*tě*
I.D.Abl., G.Lok.	wie Masc.	wie Masc.		Instr. *tõm-dviem*, Dat. *tóm-dviem*, Gen. *tų̃-dviejų̃*	wie Masc.
Pl. Nom.	*tā́ḥ*	dor. ταί, att. αἱ	*þōs*	*tõs*	*ty*
Akk.	*tā́ḥ*	τᾱ́ς	*þōs*	*tás, tàs*	*ty*
Instr.	*tā́bhiḥ*			*tomìs*	wie Masc.
Dat.	*tā́bhyaḥ*	ταῖς	= Masc.	*tóms*	wie Masc.
Gen.	*tā́sām*	τάων > τῶν	*þizō*	*tų̃*	wie Masc.
Lok.	*tā́su*			*tosè*	wie Masc.

Für eine ganze Anzahl dieser Kasus lassen sich sichere idg. Grundformen gewinnen, so Nom. Sg. idg. **sŏ* (= ai. *sá*, gr. ὁ, got. *sa*), **sā* (= ai. *sā́*, gr. ἡ, got. *sō*), **tod* (=ai. *tát*, gr. τό, lat. *is-tud*, got. *þat-a*, abulg. *to*); Akk. Sg. Masc. idg. **tom* (= ai. *tám*, gr. τόν, lat. *is-tum*, got. *þan-a*, abulg. *tъ*), Fem. **tām* (= ai. *tā́m*, gr. τήν, lat. *is-tam*, got. *þō* usw.); N. Pl. Masc. idg. **toi* (= ai. *tḗ*, gr. τοί, lat. *is-tī*, got. *þai*, lit. *tiẽ*, abulg. *ti*); Gen. Pl. Masc. idg. **toisōm* (= ai. *tḗṣām*, abulg.

těchъ) usw. — Zu beachten sind die für die idg. Pronominalflexion charakteristischen „Mittelstücke" (vgl. § 30), z. B. im Dat. Sg. Masc. idg. **to-sm-ōi* (ai. *tásmai*), Instr. Sg. Masc. idg. **to-sm-ē* (= got. Dat. *þamma*) u. dgl., oder auch im Gen. Pl., z. B. Fem. idg. **tā-s-ōm* = ai. *tā́sām*, gr. τάων.

§ 36. Neben dem in § 35 beschriebenen gab es im Idg. noch eine ganze Reihe anderer Demonstrativpronomina, die jedoch nicht so einheitlich durch die Mehrzahl der Einzelsprachen hindurchzuverfolgen sind. Vielfach sind dabei mehrere Stämme zu einem Paradigma vereinigt worden (vgl. § 30). Erwähnung verdient besonders das Pronomen lat. *is*, *ea*, *id* „der, die, das", mit dem in manchen Kasus das got. *is*, *si*, *ita* übereinstimmt. Es dient auch als „anaphorisches" Pronomen im Sinne von „er, sie, es" zum Ausdruck der 3. Person (vgl. die Bemerkung vor § 31) und ist in erster Linie aus den Stämmen **i-* (lat. *i-s* = got. *i-s* „er", lat. *i-d* = got. *i-t-a* „es"; vgl. ai. Akk. Sg. Masc. *i-m-ám*, Neutr. *i-d-ám*, lit. *j-ì-s* „er") und **e̯io-*, **e̯iā-* (z. B. Akk. Sg. Fem. idg. **e̯iā-m* = lat. *eam*, got. *ija*) zusammengesetzt.

d) Pronomen Relativum

§ 37. Der idg. Pronominalstamm **i̯o-*, **i̯ā-* ist als Relativum mit einem voll ausgebildeten Paradigma (Flexion wie in § 35) nur im Indo-Iran. und Griech. (vgl. auch phryg. ιος „welcher") vorhanden: ai. *yáḥ*, *yā́*, *yát* = gr. ὅς, ἥ, ὅ; von dem gleichen Stamm verwendet das Abulg. eine Zusammensetzung mit der Partikel *-že* im Nom. als Relativum (Sg. *i-že*, *ja-že*, *je-že*).

Das Lat., Osk.-Umbr., Heth. und Toch. bilden ihr Relativum von demselben Stamm **qᵘi-* bzw. **qᵘo-*, der sonst als Interrogativum bzw. Indefinitum dient (§ 38): lat. *quī*, *quod*; osk. *pui*, *púd*; heth. *kuiš*, *kuit*; toch. A *kus*.

Anderwärts, so im Germ., wird das Demonstrativum (ahd. *der*, *diu*, *daȝ*) gleichzeitig als Relativum gebraucht.

c) Pronomen Interrogativum und Indefinitum

§ 38. Der idg. Interrogativstamm lautete *$q^{u}i$- (so die Tiefstufe, daneben vollstufiges *$q^{u}ei$-/$q^{u}oi$-) bzw. *$q^{u}o$-, *$q^{u}\bar{a}$-.

	Masc.	Fem.	Neutr.
Ai.	*ká-ḥ*	*kā́*	*ki-m*
Griech.	τί-ς (Masc. u. Fem.)		τί
Lat.	*qui-s* (Masc. u. Fem.)		*qui-d*
Got.	*ƕa-s*	*ƕō*	*ƕa*
Lit.	*kà-s* (alle Genera)		
Abulg.	*kъ-to* (Masc. u. Fem.)		*čь-to*

Ganz allgemein konnten die Interrogativa unbetont auch als Indefinita im Sinne von „irgendeiner, irgendetwas" gebraucht werden. In diesem Falle waren sie unbetont, z. B. gr. τις „irgendeiner", τι „etwas", lat. *quis* (in negativen Sätzen) „jemand" usw. Vielfach wurden aber auch Indefinita aus dem Interrogativstamm und einer zugefügten Partikel gebildet, z. B. ai. *káś-ca*, lat. *quis-que*, got. *ƕaz-uh* (auch heth. *kuiš-ki*) oder ai. *káś-caná*, lat. *quis-quam*, got. *ƕas-hun*.

4. Das Numerale

a) Grundzahlen[1])

§ 39. Die Zahlen von 1—4 zeigen Flexion und Genusbildung, die folgenden nicht.

1. Idg. **oi-no-s* in altlat. *oinos* > klass. *ūnus*, got. *ains*, lit. *v-íenas* (apreuss. *ains*), abulg. *inъ*; dazu auch gr. οἰνός, οἰνή „die Eins auf dem Würfel". Idg. **oi-qo-s* in ai. *ḗkaḥ*. Das Griech. hat statt dessen εἷς, μία, ἕν < idg. **sem-s*, **sm-iə*, **sem* (vgl. lat. *sem-el* „einmal").

2. Idg. **d(u)u̯ō(u)*, Neutr. **d(u)u̯oi* (mit dualischer Flexion) in ai. *dvā́*, *dvā́u* (Fem. Neutr. *dvḗ*); gr. δύω. δύο; lat. *duo*

[1]) Vgl. allgemein: O. Szemerényi, Studies in the Indo-European System of Numerals (Heidelberg 1960).

(Fem. *duae*); got. *twai* (Fem. *twōs*, Neutr. *twa*); lit. *dù* (Fem. *dvì*); abulg. *dъva*, *dva* (Fem. Neutr. *dъvě*, *dvě*).

3. Idg. **trei̯es* (Neutr. **tri(i̯)ə*) in ai. *tráyaḥ* (Fem. *tisráḥ*, Neutr. *trī́*), gr. τρεῖς (Neutr. τρία), lat. *trēs* (Neutr. *tria*), got. *þreis* (Neutr. *þrija*), lit. *trỹs*, abulg. *trъje* (Fem. Neutr. *tri*).

4. Idg. **qᵘetu̯ŏres* (Neutr. **qᵘetu̯ŏrə*) in ai. *catvā́raḥ* (Fem. *cátasraḥ*, Neutr. *catvā́ri*), gr. dor. τέτορες, att. τέτταρες (Neutr. τέτταρα), lat. *quattuor*, got. *fidwōr*, lit. *keturì*, abulg. *četyre*.

5. Idg. **penqᵘe* = ai. *páñca*, gr. πέντε, lat. *quīnque*, got. *fimf*, lit. *penkì*. Abulg. *pętь* < **penqᵘtis*, eigentl. „Fünfheit".

6. Idg. **s(u̯)eks* = ai. *ṣáṣ-*, gr. ἕξ, lat. *sex*, got. *saíhs*, lit. *šešì*. Abulg. *šestь*, eigentl. „Sechsheit".

7. Idg. **septm̥* = ai. *saptá*, gr. ἑπτά, lat. *septem*, got. *sibun* (salfränk. *septun*). Daraus weitergebildet lit. *septynì*, umgebildet abulg. *sedmь*.

8. Idg. **oktō(u)* = ai. *aṣṭā́*, *aṣṭáu*, gr. ὀκτώ, lat. *octo*, got. *ahtau*. Daraus weitergebildet lit. *aštuonì*, umgebildet abulg. *osmь*.

9. Idg. **neu̯n̥* = ai. *náva*, gr. ἐν-νέα, lat. *novem* (*-m* nach *decem*), got. *niun*. Lit. *devynì* (Weiterbildung wie die vorigen) und abulg. *devętь* (wie *pętь*, *šestь*) haben ihr *d-* von dem Wort für „10".

10. Idg. **dekm̥* = ai. *dáśa*, gr. δέκα, lat. *decem*, got. *taíhun*. Lit. *dešim̃t* und abulg. *desętь* heißen eigentlich „Zehnheit".

§ 40. Die Zahlen 11—19 werden durch Komposition bzw. Zusammenrückung der Zahlwörter für 1—9 mit dem für 10 gebildet, wobei die Einerzahl voranging. So ai. *ékā-daśa*, gr. ἕν-δεκα, lat. *un-decim* „11"; ai. *cátur-daśa*, lat. *quattuordecim*, got. *fidwōr-taíhun* „14"; im Griech. mit „und": τέτταρες καὶ δέκα „14". Abulg. *dъva na desęte* „12" (= „zwei auf zehn") usw.[1]). Teilweise sind Neubildungen eingetreten, so vor allem got. *ain-lif* = lit. *vienúo-lika* „11", got. *twa-lif* = lit. *dvý-lika* „12", worin das zweite Glied vielleicht idg. **liqᵘ-* repräsentiert (zu **leiqᵘ-* „lassen, übrig bleiben"; vgl. lit. *liẽkas* „überschüssig", gr. λοιπός „übrig").

§ 41. Die Zehnerzahlen werden aus Einerzahlen und einem Element **k̂omt-* bzw. **k̂m̥t-* (< **dk̂omt-*, **dk̂m̥t-*) „Zehner" zusammengesetzt. So im Griech. und Lat. sowie im Ai. bis „50". Die Zahlen 60—90 bildet das Ai. als *-ti*-Ableitungen aus den Einerzahlen. Das Wort für „20" hat dualische Endung (im Ai. umgebildet), während „30"—„90" im Griech. und Lat. Plur.-Formen aufweisen.

	Ai.	Griech.	Lat.
20.	*viṃśatí-*	εἴκοσι	*vīginti*
30.	*triṃśát*	τριάκοντα	*trīgintā*
40.	*catvāriṃśát*	τετταράκοντα	*quadrāgintā*
50.	*pañcāśát*	πεντήκοντα	*quinquāgintā*
60.	*ṣaṣṭí-*	ἑξήκοντα	*sexāgintā*
70.	*saptatí-*	ἑβδομήκοντα	*septuāgintā*
80.	*aśītí-*	ὀγδοήκοντα	*octogintā*
90.	*navatí-*	ἐνενήκοντα	*nōnāgintā*

Das Lit. und Slav. setzen die Einerzahlen vor das Wort lit. *-dešimt*, abulg. *desętì* „Dekade(n)", ähnlich das Got. bei den Zahlen bis „60" vor *tigjus* (Pl.) „Dekaden". Die Zahlen „70" bis „90" bildet das Got. mit dem Element *-hund*, welches dem ai. *-śat* und dem lat. *-gint(ā)* entspricht (s. o.); wegen des Zwischenstückes *-tē-* vgl. H. Krahe, Germ. Sprachwiss. II[4] (Slg. Göschen 780) § 65, und die dort angeführte Literatur.

	Got.	Lit.	Abulg.
20.	*twai tigjus*	*dvì-dešimt*	*dъva desęti*
30.	*þreis tigjus*	*trìs-dešimt*	*tri desęti*
40.	*fidwōr tigjus*	*kẽtures-dešimt*	*četyre desęte*

[1]) Vgl. dazu G. Reichenkron, Der lokativische Zähltypus für die Reihe 11 bis 19: „eins auf zehn" = Südost-Forschungen 17 (1958) 152—174.

50.	*fimf tigjus*	*peñkes-dešimt*	*pętь desętь*
60.	*saíhs tigjus*	*šēšes-dešimt*	*šestь desętь*
70.	*sibuntēhund*	*septýnes-dešimt*	*sedmь desętь*
80.	*ahtautēhund*	*aštúones-dešimt*	*osmь desętь*
90.	*niuntēhund*	*devýnes-dešimt*	*devętь desętь*

Das Wort für „100“ ist idg. **k̑m̥tóm* = ai. *śatám*, gr. ἑ-κατόν, lat. *centum*, got. *hund*, lit. *šim̃tas*, abulg. *sъto*.[1])

In der Bezeichnung der Zahl „1000“ stimmen das Ai., Griech. und Lat. zusammen: ai. *sa-hásram* (< **sm̥-ĝheslo-m*), gr. χίλιοι, lesb. χέλλιοι (< **ĝhesl-i̯o-*), lat. *mīlle* (umgeformt statt **mīllī* aus dem idg. Fem. **smī-ĝhsl-ī*). Andrerseits got. *þūsundi*, lit. *túkstantis*, abulg. *tysęšta*.

b) Ordnungszahlen

§ 42. Die Ordnungszahlen wurden aus den Grundzahlen abgeleitet, und zwar im Prinzip durch Anfügung eines den Flexionsstamm bildenden *-o-* (Fem. *-ā*). So deutlich noch etwa in lat. *nōnus* < **novenos* < idg. **neu̯n̥ⁿ-o-s*; lat. *decimus* = ai. *daśamáḥ* < idg. **dek̑m̥ᵐ-o-s*; lat. *septimus* = ai. *saptamáḥ* < idg. **septm̥ᵐ-o-s*, woneben **septm-o-s* > **sebdm-o-s* = gr. ἕβδομος (für *ἕβδμος) = abulg. *sedmъ*.

Daneben hat sich früh eine Bildung auf *-to-* ausgebreitet, welche das gleiche *-o*-Element wie die ebengenannten Zahlwörter enthält, aber nicht an die Grundzahl, sondern an eine Kollektivzahl angefügt. Der Ausgangspunkt ist sehr wahrscheinlich idg. **dek̑m̥t-os* (zu **dek̑m̥t* = ai. *daśát* „Dekade“) = gr. δέκατος, lit. *dešim̃tas*, abulg. *desętъ*, got. (mit Weiterbildung zum *n*-Stamm) *taíhunda*. Von hier aus wurde mit sog. „falscher Ablösung“ *-to-* auch auf andere Zahlen übertragen, z. B. idg. **penqʷ-to-s* „fünfter“ = gr. πέμπτος, lat. *quīntus*, lit. *peñktas*, abulg. *pętъ*, got. *fimfta* (ahd. *finfto*); idg. **s(u̯)ek̑(s)-to-s* „sechster“ = ai. *ṣaṣṭháḥ*, gr. ἕκτος, lat. *sextus*, lit. *šēštas*, abulg. *šestъ*, got. *saíhsta*.

[1]) E. Risch, Das idg. Wort für „hundert“ = Idg. Forsch. 67 (1962) 129—141.

B. Formenlehre des Verbums

§ 43. Allgemeine Vorbemerkungen: a) Die verbalen Ausdrucksmittel.

Die formalen und begrifflichen Kategorien, welche das Verbum in den idg. Sprachen ausgebildet hat, sind folgende:

A. Das Verbum finitum (konjugierte Verbalformen).

1. Genus Verbi (Verbalgeschlecht). In den idg. Einzelsprachen treten drei Genera Verbi (z. T. formal nicht getrennt) auf: Aktivum, Medium, Passivum. Dabei dient das Aktivum zur Bezeichnung einer vom Subjekt nach außen hin ausstrahlenden Tätigkeit oder Eigenschaft (bzw. eines Zustandes oder Verhaltens); das Medium ist der Ausdruck dafür, daß die betr. Tätigkeit (Zustand usw.) sich irgendwie in der Sphäre des Subjekts abspielt oder daß das Subjekt besonders stark an der Handlung interessiert ist (Med. reflexivum, Med. d. Interesses, dynamisches Medium); das Passivum bezeichnet eine von außen her auf das Subjekt zustrebende Tätigkeit. Von diesen drei Genera sind das Aktivum und Medium für die idg. Grundsprache gesichert. Für das Passivum weisen die Einzelsprachen z. T. verschiedene Neuschöpfungen auf, z. T. werden die Formen des Mediums mit zum Ausdruck des Passivs verwendet. Letzteres scheint in Ansätzen schon voreinzelsprachlich gegolten zu haben.

2. Modus (Aussageweise). In den idg. Sprachen sind oder waren insgesamt fünf Modi gebräuchlich: a) der Indikativ als Modus der Indifferenz bzw. einfachen Aussage, b) der Konjunktiv als Ausdruck des Wollens oder der Bestimmtheit, c) der Optativ als Ausdruck des Wunsches oder der Möglichkeit, d) der Imperativ als Modus des Begehrens oder Befehls, und e) (nur im ältesten Indo-Iranischen und ältesten Griechischen) der Injunktiv als Ausdruck verschiedener Modalbedeutungen, z. B. des Verbots (Prohibitivus). Auch vom Injunktiv abgesehen sind die genannten Modi nicht in

allen Einzelsprachen vollzählig vorhanden bzw. erhalten. Konjunktiv und Optativ sind nur im Indisch-Iranischen, Griechischen, Tocharischen und Albanischen formal geschieden. Im Germ., Kelt., den „italischen“ Sprachen und im Armen. sind sie in einer einzigen Kategorie zusammengefaßt, und das Balt. und Slav. kennen sie nur in formalen Resten (mit anderer syntakt. Funktion). Das Heth. besitzt neben dem Indikativ nur einen Imperativ.

3. Tempus („Zeit“, doch ursprünglich nicht so sehr zeitliche Verhältnisse als vielmehr die „Handlungsart“ bezeichnend). Diejenigen idg. Sprachen, welche (in weitgehender Übereinstimmung in den Einzelheiten) die am reichsten ausgebildeten Tempus-Systeme aufweisen, nämlich das Indisch-Iranische und das Griechische, unterscheiden folgende Tempora: a) das Praesens zum Ausdruck der im Verlauf befindlichen Handlung (in erster Linie für die Gegenwart, aber auch, wie noch heute im Deutschen, für die Vergangenheit und Zukunft verwendet), b) das Imperfekt, das die praesentische Aktion in die Vergangenheit setzt. c) der Aorist zum Ausdruck einer momentanen (punktuellen) Handlung (im Indikativ auf die Vergangenheit beschränkt), d) das Perfekt als Bezeichnung eines Zustandes am Subjekt (aber derart, daß die vorausgegangene Handlung, welche zur Erreichung dieses Zustandes geführt hat, mit einbegriffen ist), e) das Plusquamperfekt, welches die perfektische Aktion in die Vergangenheit setzt, f) das Futurum zum Ausdruck der beabsichtigten oder zukünftigen Handlung. Dabei werden einerseits das Praesens und das Imperfekt, andrerseits das Perfekt und das Plusquamperfekt jeweils von dem gleichen „Verbalstamm“ gebildet.

Die meisten idg. Sprachen haben jedoch ein weniger kategorienreiches Tempus-System. Das beruht z. T. auf sekundärer Vereinfachung, wie z. B. im Lat. der Aorist und das Perfekt in ein einheitliches Tempus verschmolzen sind. Auf der anderen Seite scheinen in manchen Sprachen gewisse Tempora von Anfang an gar nicht ausgebildet bzw. durch eigene Formen ausgedrückt worden zu sein, so etwa im Germ. und vielen anderen Sprachen das Futurum.

4. Numerus (Zahl). Wie beim Nomen (§ 2) gab es drei Numeri: Singular, Plural und Dual. Letzterer ist im Lat. bereits untergegangen.

5. Person. In jedem Numerus gab es die 1., 2. und 3. Person, die durch die Personalendungen gekennzeichnet waren.

B. Das Verbum infinitum, deklinierte Verbalformen, d. h. Verbalnomina, die etymologisch zum Verbum gehören und wegen ihrer verbalen Rektion zum Verbum gezählt werden müssen. Zu unterscheiden sind Verbalsubstantiva = Infinitive und Verbaladjektiva = Partizipien.

§ 44. Allgemeine Vorbemerkungen: b) Die formalen Elemente im Aufbau der Verbalflexion

Um die in § 43 angegebenen Kategorien formal zum Ausdruck zu bringen und gegeneinander abzugrenzen, besitzen die idg. Sprachen eine Anzahl verschiedenster Form-Elemente, welche hier der eigentlichen Darstellung der Verbalflexion in einer Übersicht vorangestellt werden:

1. Thematische und athematische Flexionsweise. Der aus der Grundsprache ererbte Unterschied zwischen „thematischer" und „athematischer" Flexion beruht darin, daß im letzteren Falle die Personalendungen unmittelbar an die Verbal-Wz. bzw. den Verbalstamm antreten, im ersteren aber durch Vermittlung eines vokalischen Zwischenelementes, des sog. „Thema-" oder „Binde-Vokals", der ablautend zwischen *ĕ* und *ŏ* in der Weise wechselte, daß *ŏ* in der 1. Pers. aller Numeri und in der 3. Plur., *ĕ* in den übrigen Formen stand. Beispiele:

Praes. Ind. Akt. thematisch

1. Pl. gr. φέρ-ο-μεν = ai. *bhár-ā-maḥ* = got. *baír-a-m*; vgl. lat. *ag-i-mus*

2\. Pl. gr. φέρ-ε-τε = ai. *bhár-a-tha* = got. *baír-i-þ*; vgl. lat. *ag-i-tis*
gegenüber athematisch
gr. ἴ-μεν = ai. *i-máḥ*; vgl. auch lat. *ī-mus*
ἴ-τε *i-thá* *ī-tis*.
Ähnlich im Medium (Ind. Praes.)
3\. Sg. ai. thematisch *bháv-a-tē* zu *bhū-* „sein, werden"
athematisch *i-tḗ* zu *i-* „gehen"
oder gr. themat. Praes. παιδεύ-ο-μαι
athemat. Perf. πεπαίδευ-μαι.

2\. Die flexivischen Suffixe (Personalendungen). Das Idg. unterscheidet (freilich nicht in allen Personen) sog. „primäre" und „sekundäre" Endungen. So hatte z. B. im Indikativ das Praes. primäre, das Imperf. sekundäre Endungen, vgl.

ai. im Aktiv
primär Praes. 1. *bhárā-mi*, sekundär Impf. *ábhara-m*
2\. *bhára-si* *ábhara-ḥ* (< *-s*)
3\. *bhára-ti* *ábhara-t*

gr. im Med.
primär Praes. 3. Sg. φέρε-ται, sekundär Impf. ἐφέρε-το
3\. Pl. φέρο-νται ἐφέρο-ντο.

Einige Formenkategorien haben darüber hinaus (ganz oder teilweise) eigene Flexionsausgänge ausgebildet, so
das Perf.: ai. *vḗd-a* = gr. οἶδ-α
vḗt-tha οἶσ-θα
vḗd-a οἶδ-ε oder
im Imperativ: 3. Sg. ai. *ája-tād* = altlat. *age-tōd* (> *agitō*) = gr. ἀγέ-τω usw.

3\. Stammbildende Elemente. Zur Kennzeichnung und Differenzierung der Stämme in einzelnen Formationen (Tempora, Modi) sind seit idg. Zeit zahlreiche Suffixe (auch Infixe) in Gebrauch.

A. Tempusstammbildende Elemente

a) Praesens-Elemente (besonders mannigfaltig, vgl. § 56), z. B. (sehr verbreitet) idg. *-i̯e-/-i̯o-* (worin *e/o* = Themavokal, vgl. unter 1): lat. *veniō* = gr. βαίνω < **gʷn̥-i̯ō* von Wz. **gʷem-* „gehen, kommen" (vgl. got. *qiman*); lat. *capiō* = got. *hafja* (aber lat. *cap-tus, cap-ere*); ai. *mán-ya-tē* „denkt" = gr. μαίνομαι < **mn̥-i̯o-mai* „rase" = lit. *min-iù* „erwähne". — Hierher auch viele Denominativa wie gr. ἐλπίζω < *ἐλπίδ-i̯ω zu ἐλπίς, ἐλπίδ-ος; lat. *custōdiō* zu *custōs, custōd-is*; zu vokalischen Stämmen z. B. ai. *pr̥tanā-yá-ti* „kämpft": *pŕ̥tanā* „Kampf", lit. *dovanó-ju* „gebe, schenke": *dovanà* „Gabe", abulg. *vonja-ję* „rieche": *vonja* „Geruch", gr. τιμάω < *τιμά-i̯ω: τιμή (dor. τιμά), lat. *plantō* < **plantā-i̯ō*: *planta*.

Häufig treten nasalhaltige Elemente auf, so idg. *-nā-/-nə-* (athemat.) in ai. *mr̥-ṇā́-ti* „zermalmt, schlägt", vgl. gr. μάρ-ναμαι; gr. δάμ-νη-μι, Pl. δάμ-να-μεν; idg. *-neu-/-nu-* (athemat.) = ai. *-nō-/-nu-*, wofür gr. νῡ-/-νῠ, in ai. *r̥-ṇṓ-mi* „setze in Bewegung" (Pl. *r̥-ṇu-máḥ*); vgl. gr. ὄρ-νῡ-μι (ὄρ-νυ-μεν) und arm. *aṙ-nu-m* „nehme"; ai. *str̥-ṇṓ-mi* (*str̥-ṇu-máḥ*) „breite aus", gr. στόρνῡμι und (themat.) lat. *sternō*; idg. *-no-/-ne-* (themat.) in gr. κάμ-νω (Aor. ἔκαμον), τέμ-νω (Aor. ἔταμον), lat. *sper-nō* (Perf. *sprē-vī*) u. a. — Mit Nasal-Infix: lat. *ru-m-pō* (gegenüber *rūp-ī, rup-tum*), lat. *li-n-quō* (*līqu-ī*), got. *sta-n-da* „stehe" (Praet. *stōþ*), lit. *ra-n-dù* „finde" (Praet. *rad-aũ*); im Griech. mit gleichzeitigem Nasal-Suffix -ανο-/-ανε-: gr. πυ-ν-θάνομαι (ἐ-πυθ-ό-μην), vgl. lit. *bu-n-dù* „wache auf" (Praet. *bud-aũ*), λι-μ-πάνω = lat. *linquō* u. a. mehr.

Charakteristisch sind auch Bildungen mit *-sk̑o-/-sk̑e-* (themat.) wie ai. *gácchati* „geht" < **gʷm̥-sk̑e-ti* = gr. βάσκω < **gʷm̥sk̑ō*; gr. (epirot.) γνώ-σκω = lat. *(g)nō-scō* (gegenüber ἔ-γνω-ν bzw. *nō-vī*), sonst mit Reduplikation (vgl. unter 5) gr. γι-γνώ-σκω; ähnlich gr. δι-δά-σκω < *δι-δάκ-σκω, vgl. lat. *discō* < **di-dk-skō*.

Dazu kommen seltenere Typen, z. B. solche mit Dental-Elementen (*-to-/-te-*; *-dho-/-dhe-*), von deren Aufführung hier abgesehen werden muß.

b) Aorist-Elemente. Schon grundsprachlich diente bei manchen Verben zur Bildung eines Aorist-Stammes ein *s*-Suffix (bei athemat. Flexion): idg. **e-deiḱ-s-m̥* > gr. ἔδειξα, ähnlich ai. (mit Schwundstufe der Wz.) *á-dik-ṣ-am*, im Lat. ins Perf. übergegangen (*dīxī*, d. i. *dīk-s-ī*). Vgl. § 60.

c) Perfekt-Elemente. Während der idg. Grundsprache im allgemeinen die Kennzeichnung des Perf. Akt. durch Reduplikation, Ablaut und besondere Personalendungen genügte (vgl. § 61), sind später in den Einzelsprachen daneben Typen mit bestimmten Suffixen entwickelt worden, so etwa im Griech. das *-k*-Perf. (πεπαίδευ-κ-α), im Lat. das *-v*-Perf. (*sprē-v-ī*, *laudā-v-ī*) u. dgl.

B. Modusstammbildende Elemente

a) Der Optativ wird bei athemat. Flexion durch ablautendes *-iē-/-ī-* (ai. *s-yā́-m* = altlat. *siem* < *s-iē-m* = gr. εἴην < **es-iē-m*; Pl. lat. *s-ī-mus*, gr. εἶμεν < **es-ī-men*, § 54), bei themat. Verben durch *-oi-*, wobei *-o-* den Thema-Vokal darstellt, gekennzeichnet: gr. φέροις = ai. *bhárēḥ* = got. *baírais* < **bher-oi-s* (§ 54).

b) Der Konjunktiv wird in einigen Sprachen, so im Griech. und Ai., durch *-e-/-o-* charakterisiert, das bei themat. Flexion mit dem gleichlautenden Themavokal zu dessen Länge verschmilzt: athemat. gr. (hom.) ἴ-ο-μεν (gegen Indik. ἴ-μεν „wir gehen"), ai. *ás-a-ti* (gegen *ás-ti* „er ist"), themat. gr. φέρ-ω-μεν, φέρ-η-τε (gegen φέρ-ο-μεν, φέρ-ε-τε), ai. *bhár-ā-tha* (gegen *bhár-a-tha* „ihr tragt"); vgl. § 53.

Andere Sprachen (das Lat., Osk.-Umbr., Kelt., Toch.) haben *-ā-* als Konjunktiv-Zeichen (§ 53).

4. Das Augment. Als Ausdruck der Vergangenheitsbedeutung verwendet eine Reihe von Sprachen (Ai., Iran.,

Griech., Phryg., Armen.), aber nicht das Gesamt-Idg. das sog. Augment (idg. *e-), ursprünglich wohl ein selbständiges Zeitadverb, an welches die Verbalformen sich enklitisch anlehnten (gr. ἔ-φερον = ai. *á-bharam*) und dann mit ihm zusammenwuchsen. Da die betr. Tempora — in Frage kommen Impf., Aor. und Plusquampf. des Indik. — schon an und für sich durch die Endungen (und vielfach auch durch ihre Stammbildung) charakterisiert sind, ist die Setzung des Augments auch in den Sprachen, welche es besitzen, nicht von Anfang an obligatorisch, ein Zustand, den das Vedische, Iranische und das ältere Griechisch (Homer) noch deutlich spiegeln.

5. Die Reduplikation. Als Mittel der Tempusstammbildung wird die Reduplikation im Praes., im Aor. und vor allem im Perf. verwendet. Sie besteht bei konsonant. Wz.-Anlaut grundsätzlich in der wiederholenden Voranstellung des ersten Konsonanten, dem im Perf. und Aor. ein *e* hinzugefügt wird. Im Praes. ist der Vokal der Reduplikationssilbe in der Regel *i*, in seltenen Fällen ebenfalls *e*.

a) Praesens. Redupl.-Vokal *i* in ai. *bí-bharmi* „trage“ < **bhi-bher-mi* (vgl. I § 43), gr. δί-δωμι, ἵ-στημι < **si-stāmi* (I § 33) = lat. *si-stō* (ähnlich auch ai. *tí-ṣṭhāmi*), gr. γί-γνομαι = lat. *gi-gnō*. — Redupl.-Vokal *e* in ai. *dá-dhāmi* < **dhe-dhēmi* (I § 43), lit. *de-dù* von Wz. **dhē* „setzen, stellen, legen“.

b) Aorist. Ved. *á-pa-ptat* < **é-pe-pt-e-t* zu ai. *pat-* „fliegen“; ai. *ávōcam* für *á-va-ucam* < **é-u̯e-u̯qᵘ-o-m* zu ai. *vac-* „sprechen“; gr. ἔ-πε-φνον (I § 43), gr. (hom.) πέ-πιθον.

c) Perfekt. Gr. δέ-δορκα = ai. *da-dárśa*, lat. *ce-cinī*, *pe-pulī*, got. *hai-hait* „hieß“, *lai-lōt* „ließ“ (*ai* = *e*!).

Teilweise hat sich in einigen Sprachen der Reduplikationsvokal dem der Wz.-Silbe angeglichen: Perf. ai. *ri-réca* statt **ra-réca* = gr. λέ-λοιπα < **le-loiqᵘa*, lat. *mo-mordī*, *pu-pugī* (altlat. noch *memordī*, *pepugī*).

Bei vokalischem Wz.-Anlaut besteht die Reduplikation in bloßem *e-*, das schon in der idg. Grundsprache mit dem Wz.-

Vokal zu dessen Länge verschmolz: ai. *ā́sa* < **ēsa* für **e-esa* zu **es-* „sein"; lat. *ēdī* zu *edō*; gr. ἦχα zu ἄγω.

Daneben existiert bei vokalischem Wz.-Anlaut eine Reduplikation durch Wiederholung des Wz.-Vokals und des ersten ihm folgenden Konsonanten: gr. ἤγ-αγον (Inf. ἀγ-αγεῖν), armen. *ar-ari* „ich machte" (zum Praes. *aṙ-nem*).

6. Der Ablaut. Die in Fällen wie ai. *i-máḥ* „wir gehen" gegenüber *ḗ-mi* „ich gehe" als Wirkung des wechselnden idg. Wortakzents eingetretenen Ablautsunterschiede wurden — obwohl zunächst ein nur lautgeschichtlicher Tatbestand (I § 27) — vom Sprachgefühl als Charakteristikum der davon betroffenen Formenkategorien und infolgedessen mit als bedeutungstragendes Element empfunden. Daher sind dann auch vielfach derartige Ablautsunterschiede als Hilfsmittel der Formenbildung analogisch über ihr ursprüngliches Geltungsgebiet hinaus ausgedehnt und übertragen worden. Am wichtigsten sind folgende Differenzierungen:

a) Gegensatz zwischen dem Sing. Ind. Akt. (Vollstufe) und den übrigen Formen des gleichen Tempus (Schwundstufe). Dies gilt besonders in den athemat. Praesentia, z. B.

Ind. Akt. Sg. ai. *dá-dhā-mi*	Akt. Pl. *da-dh-máḥ*	Med. *da-dh-ḗ*
gr. τί-θη-μι	τί-θε-μεν	τί-θε-μαι
ai. *pí-par-mi*	*pi-pr̥-máḥ*	*pí-pr-ē*
gr. πίμ-πλη-μι	πίμ-πλα-μεν	πίμ-πλα-μαι
ai. *ḗ-mi*	*i-máḥ*	
gr. εἶ-μι	ἴ-μεν.	

Ebenso von der Wz. **es-* „sein": Praes. 3. Sg. ai. *ás-ti* — 3. Pl. *s-ánti* = lat. *es-t* — *s-unt* = got. *is-t* — *s-ind* = abulg. *jes-tъ* — *s-ǫtъ*.

Entsprechend im Imperfekt:

Ind. Akt. Sg. ai. *á-da-dhā-m*	Akt. Pl. *á-da-dh-ma*	Med. *á-da-dh-i*
ἐ-τί-θη-ν	ἐ-τί-θε-μεν	ἐ-τιθέ-μην.

Gleiches gilt im Perf. des Aktivs:

1. Sg. ai. *vḗd-a* „ich weiß" — 1. Pl. *vid-má* = gr. οἶδ-α — ἴσ-μεν = got. *wait* — *wit-um*. Oder: ai. *ja-gā́m-a* — *ja-gm-i-má* (zu *gam-* „gehen"); got. *graip* „griff" — *grip-um*; gr. γέ-γον-α — (hom.) γέ-γα-μεν; δέ-δοι-κα — δέ-δι-μεν usw.

Bei charakterisierten (athemat.) Praesentia lautet (bei unveränderter Wz.-Form) das Praes.-Element ab (vgl. oben unter 3 A):

Ind. Akt. Sg. ai.	*su-nṓ-mi* „keltere"	Akt. Pl. *su-nu-máḥ*	Med. *su-nv-ḗ*
	krī-ṇā́-mi „kaufe"	*krī-ṇī-máḥ*	*krī-ṇ-ḗ*
gr.	δείκ-νῡ-μι	δείκ-νῠ-μεν	δείκ-νῠ-μαι
	δάμ-νη-μι	δάμ-νᾰ-μεν	δάμ-νᾰ-μαι.

b) Gegensatz zwischen einzelnen Tempusstämmen. In Betracht kommt vor allem die Abgrenzung des Aor.-Stammes und des Perf.-Stammes gegenüber dem Praes.-Stamm.

Gegenüber einem Praes. mit vollstufiger Wz.-Gestalt hat der (starke) Aor. in vielen Fällen die schwundstufige Wz., z. B. ai. *ṛuham* neben Praes. *rṓhāmi* „wachse", gr. ἔλιπον : λείπω, ἔδρακον : δέρκομαι. — Zwischen dem (Sg. des) Perf. Akt. (vgl. unter a) und dem Praes. ist eine Differenzierung derart gegeben, daß neben *e*-farbiger Vollstufe im Praes. das Perf. die zugehörige *o*-Abtönung aufweist, so gr. λέλοιπα : λείπω = got. *laiƕ* : *leiƕa* „lasse", gr. τέτροφα : τρέφω, got. *band* : *binda* „binde", gr. ἔρρωγα : ῥήγνῡμι, got. *laílōt* : *lēta* „lasse".

7. Suppletiv-Wesen. Manche Verbalwurzeln waren auf Grund ihrer Bedeutung so empfindlich gegenüber den einzelnen Aktionsarten (vgl. § 43, 3), daß sie nicht alle Tempusstämme zu bilden vermochten. Es treten dann „suppletiv" mehrere Wurzeln zu einem Paradigma zusammen, z. B. lat. *sum* — *fuī*, *ferō* — *tulī*; gr. φέρω — ἤνεγκον, λέγω — εἶπον — εἴρηκα u. dgl. mehr.

1. Die Genera Verbi und die Flexionsformen des Praesens-Stammes im Indikativ

§ 45. Allgemeines. Aktiv und Medium sind lediglich durch verschiedene Personalendungen, nicht auch durch andere Stammbildung (abgesehen von Ablautsdifferenzen bei athematischer Konjugation) gekennzeichnet. Beispiele: themat. 3. Pl. Praes. Akt. ai. *bhára-nti* = gr. (dor.) φέρο-ντι = got. *baíra-nd*, aber Med. ai. *bhára-ntē* = gr. φέρο-νται = got. *baíra-nda*; athemat. ai. 3. Sg. Praes. Akt. *dvḗṣ-ṭi* — Med. *dviṣ-ṭḗ* (zu *dviṣ-* „hassen"), gr. 3. Sg. Praes. Akt. (dor.) δίδω-τι — Med. δίδο-ται; mit anderen Endungen des (Medio-)-Passivums lat. Akt. *legi-t*, *legu-nt* — Pass. *legi-tur*, *legu-ntur*.

Von den Formen des Praes.-Stammes hat im Indik. das Praes. primäre, das Impf. sekundäre Endungen (§ 44, 2).

§ 46. Die Flexionsformen des Praesens Indik. Aktiv.

a) Thematische Flexion

Musterwörter: ai. *bhárāmi* = gr. φέρω = got. *baíra* „trage", = abulg. *berǫ* „sammele"; lat. *agō* „treibe"; lit. *dìrbu* „arbeite".

	Aind.	Griech.	Lat.
Sg. 1.	*bhár-ā-mi*	φέρ-ω	*ag-ō*
2.	*bhár-a-si*	φέρ-εις	*ag-i-s*
3.	*bhár-a-ti*	φέρ-ει	*ag-i-t*
Du. 1.	*bhár-ā-vaḥ*	—	—
2.	*bhár-a-thaḥ*	φέρ-ε-τον	—
3.	*bhár-a-taḥ*		—
Pl. 1.	*bhár-ā-maḥ*	φέρ-ο-μες (dor.; att. -μεν)	*ag-i-mus*
2.	*bhár-a-tha*	φέρ-ε-τε	*ag-i-tis*
3.	*bhár-a-nti*	φέρ-ο-ντι (dor.; att. -ουσι)	*ag-u-nt*

	Got.	Lit.	Abulg.
Sg. 1.	*baír-a*	*dìrb-u*	*ber-ǫ*
2.	*baír-i-s*	*dìrb-i*	*ber-e-ši*
3.	*baír-i-þ*	*dìrb-a*	*ber-e-tъ*
Du. 1.	*baír-ōs*	*dìrb-a-va*	*ber-e-vě*
2.	*baír-a-ts*	*dìrb-a-ta*	*ber-e-ta*
3.	—	—	*ber-e-te*
Pl. 1.	*baír-a-m*	*dìrb-a-me*	*ber-e-mъ*
2.	*baír-i-þ*	*dìrb-a-te*	*ber-e-te*
3.	*baír-a-nd*	—	*ber-ǫtъ*

Der ursprüngliche Formenbestand ist nicht überall in vollem Umfang erhalten. Den Dual hat das Lat. gänzlich, das Griech. in der 1., das Got. in der 3. Pers. aufgegeben; die fehlenden Formen werden durch die des Plur. ersetzt. Im Lit. dient die 3. Sg. auch als 3. Du. und Plur.

Die grundsprachliche Verteilung des Binde-Vokals (*-ĕ-* bzw. *-ŏ-*; vgl. § 44,1) ist am deutlichsten im Griech. zu erkennen. Im Ai. wurde der Wechsel *ĕ/ŏ* durch den Zusammenfall beider Vokale in *ă* (I § 16) beseitigt; in der 1. Pers. aller Numeri steht *-ā-*, das aus der 1. Sg. (*bhárā-* < idg. **bherō*) verallgemeinert worden ist. In den übrigen Sprachen ist in größerem oder geringerem Umfang teils *ĕ* (> lat. *i*), teils *ŏ* (> got. und lit. *ă*) analogisch über den ursprünglichen Geltungsbereich hinaus ausgedehnt worden.

b) Athematische Flexion

Musterwort: ai. *ásmi* = gr. εἰμί = got. *im* = (alt)lit. *esmì* = abulg. *jesmь*, lat. *sum* „bin".

	Aind.	Griech.	Lat.	Got.	Lit.	Abulg.
Sg. 1.	*ás-mi*	εἰ-μί	*sum*	*im*	*es-mì*	*jes-mь*
2.	*ási*	εἶ, ἔσ-σί	*es-(s)*	*is*	*es-ì*	*jesi*
3.	*ás-ti*	ἔσ-τί	*es-t*	*is-t*	*ẽs-ti*	*jes-tъ*

	Aind.	Griech.	Lat.	Got.	Lit.	Abulg.
Du. 1.	*s-váh*	—	—	*sij-u*	*es-và*	*jes-vě*
2.	*s-tháh*	ἐσ-τόν	—	**sij-uts*	*es-tù*	*jes-ta*
3.	*s-táh*		—	—	—	*jes-te*
Pl. 1.	*s-máh*	ἡ-μές (dor.; att. εἰ-μέν)	*sumus*	*sij-um*	*es-mè*	*jes-mъ*
2.	*s-thá*	ἐσ-τέ	*es-tis*	*sij-uþ*	*es-tè*	*jés-te*
3.	*s-ánti*	ἐντί (dor.; att. εἰσί)	*s-unt* (umbr. *s-ent*)	*s-ind*	—	*s-ǫtъ*

Für den Formenbestand gilt das Gleiche wie in der thematischen Flexion.

Zu beachten ist der Ablaut in der Wz.-Silbe (idg. **es-/s-*; § 44,6), dessen alte Verteilung am besten im Ai. (*as-/s-*) und im Got. (bei teilweiser Umbildung des Stammes *s-* zu *sij-*) bewahrt ist. Im Griech., Lit. und Abulg. ist überall der „starke" Stamm **es-* (im Abulg. mit *j*-Vorschlag) durchgeführt, ausgenommen in der 3. Pl. (dor. ἐντί, abulg. *sǫtъ*). Am stärksten sind die alten Ablautverhältnisse im Lat. verwischt.

In der 2. Sg. war schon grundsprachlich **es-si* zu **esi* vereinfacht worden.

§ 47. Die Flexionsformen des Imperfekt Indik. Aktiv. Da ein einheitlich gebildetes, aus voreinzelsprachlicher Zeit stammendes Imperfekt nur in wenigen Sprachen vorhanden ist (vgl. § 58), werden hier lediglich die ai. und griech. Paradigmata gegeben.

a) Thematische Flexion

Musterwort (wie in § 46): ai. *bhárāmi*, gr. φέρω.

		Aind.	Griech.
Sg.	1.	*á-bhar-a-m*	ἔ-φερ-ο-ν
	2.	*á-bhar-a-ḥ*	ἔ-φερ-ε-ς
	3.	*á-bhar-a-t*	ἔ-φερ-ε
Du.	1.	*á-bhar-ā-va*	—
	2.	*á-bhar-a-tam*	ἐ-φέρ-ε-τον
	3.	*á-bhar-a-tām*	ἐ-φερ-έ-την
Pl.	1.	*á-bhar-ā-ma*	ἐ-φέρ-ο-μες (dor.)
	2.	*á-bhar-a-ta*	ἐ-φέρ-ε-τε
	3.	*á-bhar-a-n*	ἔ-φερ-ο-ν

b) Athematische Flexion

Musterwort (wie in § 46): ai. *ásmi*, gr. εἰμί.

		Aind.	Griech.
Sg.	1.	*ā́s-am*	ἦ-α (ἦν)
	2.	*ā́ḥ* (*ā́s-īḥ*)	(ἦσ-θα)
	3.	*ā́ḥ* (*ās-īt*)	ἦς (dor.) (att. ἦν)
Du.	1.	*ā́s-va*	—
	2.	*ā́s-tam*	ἦσ-τον
	3.	*ā́s-tām*	ἤσ-την
Pl.	1.	*ā́s-ma*	ἦ-μες (dor.)
	2.	*ā́s-ta*	ἦσ-τε
	3.	*ā́s-an*	(ἦσαν)

Einzelsprachlich stärker umgebildete Formen sind in Klammern gesetzt. — Im Ai. sind die 2. und 3. Sg. *ā́ḥ* < idg. **ēs-s* bzw. **ēs-t* nur noch im Vedischen belegt. — Im Griech. ist die 3. Sg. att. ἦν < homer. ἦ-εν eine umgedeutete 3. Plur. = idg. **ēs-ent* (= ai. *ā́s-an*).

§ 48. Die Endungen des Aktivs[1]).

Sing. 1. Primär *-mi* bei athematischer Flexion: ai. *ás-mi*, gr. εἰ-μί, got. *im* (für **imm* < germ. **iz-m*), lit. *es-mì*, abulg. *jes-mь* „ich bin". Im Ai. (ähnlich im Armen. und Kelt.) ist *-mi*

[1]) Wegen der rein lautlichen Veränderungen der Endungen in den einzelnen Sprachen vgl. vor allem die Auslautsgesetze (I § 44—50).

auch auf die thematische Flexion übertragen worden: ai. *bhár-ā-mi* (d. i. idg. **bher-ō* + *mi*). Thematisch -*ō*: gr. φέρω, lat. *ferō*, got. *baíra* (ahd. *biru*) „trage"; lit. *vežù* „fahre". Abulg. *berǫ* läßt verschiedene Erklärungen zu, enthält aber jedenfalls eine Sekundärendung.

Sekundär -*m*: thematisch idg. **é-bher-o-m* „trug" = ai. *ábharam*, gr. ἔφερον; vgl. lat. *ferēbam*. Athematisch idg. **ēs-m̥* „war" = ai. *ā́sa-m* (mit analogischem -*m*), gr. (hom.) ἦ-α.

2. Primär idg. -*si*. Athematisch idg. **es-si* (> **esi*) „du bist" = ai. *ási*, gr. εἶ (< **esi*) bzw. ἐσσί, lat. *es* (bei Plautus noch *ess*), got. *is*. Thematisch idg. **bher-e-si* „du trägst" = ai. *bhárasi*, got. *baíris*, abulg. *bereši* (mit ungeklärtem -*ĭ* statt -*ь*); lat. *agis* „du treibst". Gr. φέρεις und lit. *dìrbi* sind einzelsprachliche Neubildungen; der Endung des letzteren entspricht wohl die von air. -*bir* (< **bherei*) „du trägst".

Sekundär idg. -*s*. Athematisch idg. **ēs-s* > **ēs* „du warst" = ai. *ā́ḥ*. Thematisch idg. **é-bher-e-s* „du trugst" = ai. *ábharaḥ*, gr. ἔφερες.

3. Primär idg. -*ti*. Athematisch idg. **es-ti* „er ist" = ai. *ásti*, gr. ἐστί, lat. *est*, got. *ist*, lit. *ẽsti*, abulg. *jestъ* (für *jestь*, so noch altruss.). Thematisch idg. **bhér-e-ti* „er trägt" = ai. *bhárati*, got. *baíriþ*, abulg. *beretъ* (altruss. -*tь*); lat. *agit* „treibt". Gr. φέρει und lit. *dìrba* sind sekundäre Umbildungen.

Sekundär idg. -*t*. Athematisch idg. **ēs-t* „er war" = ai. *ā́ḥ* (vgl. I § 45), gr. (dor.) ἦς (vgl. I § 46). Thematisch idg. **é-bher-e-t* „er trug" = ai. *ábharat*, gr. ἔφερε (I § 46).

Dual. 1. Gemeinsam ist den Formen der Einzelsprachen der Anlaut mit *u̯*-. Im Ai. reimen die Endungen auf die der 1. Plur.: primär -*vaḥ* (< idg. *-*u̯es*/-*u̯os*) in *s-váḥ* „wir beide sind", *bhárā-vaḥ* „wir beide tragen"; sekundär -*va* (< idg. *-*u̯e*/-*u̯o*) in *ábharā-va* „wir beide trugen". — Lit. *ẽs-va* „wir beide sind". — Abulg. überall -*vě* (wohl umgeformt nach dem Pronomen *vě* „wir beide", § 31): *jes-vě* „wir beide sind", *bere-vě* „wir beide sammeln". — Nicht sicher erklärt ist got. *bairōs* „wir beide tragen" (vgl. Germ. Sprachw. II § 69).

2. Primär vielleicht idg. *-t(h)es* oder *-t(h)os* in ai. *s-tháḥ* „ihr beide seid", *bhára-thaḥ* „ihr beide tragt"; got. *baira-ts* „ihr beide tragt" (mit *-ts* < **-þs*; vgl. Germ. Sprachw. II § 69). — Sekundär idg. *-tom* in ai. *ábhara-tam* = gr. ἐφέρε-τον „ihr beide trugt", ai. *ás-tam* = gr. ἦσ-τον „ihr beide wart" (im Griech. auch auf das Praes. übertragen: ἐσ-τόν „ihr beide seid", φέρε-τον „ihr beide tragt"). — Das Balt. und Slav. weisen auf idg. *-tā* in allen Formen: lit. *ēs-ta* = abulg. *jes-ta* „ihr beide seid", abulg. *bere-ta* „ihr beide sammelt".

3. Primär vielleicht idg. *-tes* oder *-tos* in ai. *s-táḥ* „sie beide sind", *bhára-taḥ* „sie beide tragen"; abulg. *jes-te* „sie beide sind", *bere-te* „sie beide sammeln" (vgl. I § 50). — Sekundär idg. *-tām* in ai. *ábhara-tām* = gr. ἐφερέ-την „sie beide trugen", ai. *ás-tām* = gr. ἦσ-την „sie beide waren" (als Primärendung ist im Griech. die der 2. Dualis übernommen worden: ἐσ-τόν, φέρε-τον).

Plur. 1. Primär idg. *-mes/-mos* in ai. *s-máḥ* und *bhárā-maḥ*, gr. (dor.) ἠ-μές und φέρο-μες, lat. *feri-mus*, got. *baíra-m*, abulg. *jes-mъ* „wir sind" und *bere-mъ* (vgl. I § 50) „wir sammeln".

Die idg. Form der Sekundärendung ist unklar, sicher nur ihr Anlaut mit *-m-*; vgl. ai. *ábharā-ma*, gr. ἐφέρο-μεν (im Ion.-Att. ins Praes. übertragen: ἐσ-μέν, φέρο-μεν), lit. (auch zur Primärendung geworden) *es-mè* „wir sind", *dìrba-me* „wir arbeiten" (< **-mē*).

2. Primär und sekundär idg. *-te* (nur im Ai. in primäres *-tha* und sekundäres *-ta* gespalten) in ai. *s-thá*, gr. ἐσ-τέ, abulg. *jes-te* „ihr seid"; ai. *bhára-tha*, gr. φέρε-τε, got. *baíri-þ* „ihr tragt", abulg. *bere-te* „ihr sammelt"; ai. *ás-ta*, gr. ἦσ-τε „ihr wart"; ai. *ábhara-ta*, gr. ἐφέρε-τε „ihr trugt". Lat. *es-tis*, *agi-tis* usw. ist Neubildung nach der 2. Sg. (*ag-is*), *-te* noch im Imper. (*agi-te*, § 55) erhalten.

3. Primär athematisch idg. *-enti* (nach Konsonant, sonst *-nti* wie thematisch), z. B. idg. **s-enti* „sie sind" = ai. *sánti*, gr. (dor.) ἐντί (att. εἰσί)[1]), umbr. *sent*, got. *sind*; thematisch (und athemat. nach Vokal) *-nti* in **bhér-o-nti* „sie tragen" = ai. *bháranti*, gr. (dor.) φέροντι (= att. φέρουσι), lat. *ferunt* (altlat. noch *tremonti* „sie zittern"), got. *baírand*, altbulg. *berǫtъ* (für *berǫtь*, so noch altruss.).

Sekundär athematisch idg. *-ent* (nach Konsonant) in **ēs-ent* „sie waren" = ai. *ā́san* (vgl. I § 45) = gr. (hom.) ἦεν > ἦν, was zur 3. Sg. wurde. Thematisch idg. *-nt* (und athematisch nach Vokal) in **é-bher-o-nt* „sie trugen" = ai. *ábharan* (I § 45), gr. ἔφερον (I § 46).

§ 49. Die Flexionsformen des Praesens Indik. Medium. In den Endungen des Mediums gehen die idg. Sprachen auseinander, wobei zwei Gruppen sich enger zusammenschließen. Die eine weist in einem Teil der Formen *r*-haltige Endungen auf (§ 52), die andere hat nur Endungen ohne ein *r*-Element. Diese letztere wird hier zunächst behandelt; sie wird repräsentiert durch das Indo-Iranische, das Griechische und das Germanische.

a) Thematische Flexion

Musterwort (wie § 46): ai. *bhárāmi*, gr. φέρω, got. *baíra*.

		Aind.	Griech.	Got.
Sg.	1.	*bhár-ē*	φέρ-ο-μαι	(*baír-a-da*)
	2.	*bhár-a-sē*	φέρ-ε-αι > φέρῃ	*baír-a-za*
	3.	*bhár-a-tē*	φέρ-ε-ται	*baír-a-da*
Du.	1.	*bhár-ā-vahē*	—	—
	2.	*bhár-ēthē*	φέρ-ε-σθον	—
	3.	*bhár-ētē*	φέρ-ε-σθον	—
Pl.	1.	*bhár-ā-mahē*	φερ-ό-μεθα	*baír-a-nda*
	2.	*bhár-a-dhvē*	φέρ-ε-σθε	*baír-a-nda*
	3.	*bhár-a-ntē*	φέρ-ο-νται	*baír-a-nda*

[1]) Vgl. K. Strunk, Glotta 38 (1960) 203—211.

Das Got. hat von dem (hier als Passiv verwendeten) alten Medium nur Restformen bewahrt. Der Dual fehlt ganz; die 3. Pl. wird für alle Plur.-Formen, die 3. Sg. auch als 1. Sg. gebraucht. Außerdem ist im Got. überall *ă* (<*ŏ*) als Thema-Vokal durchgeführt.

Für die Beurteilung des Thema-Vokals im Ai. und Griech. gilt das zu § 46a Bemerkte. Das mittlere *ē* in der 2. 3. Du. des Ai. beruht vielleicht auf Kontraktion des thematischen *ă* mit einem *ī* der Endung (*-ī-thē* bzw. *-ī-tē*), für dessen Existenz gewisse Anhaltspunkte im Vedischen und Avestischen gegeben sind.

b) Athematische Flexion

Musterwort: ai. *ā́sē* bzw. gr. ἧμαι „sitze". Das Got. hat hier keine (direkt) vergleichbaren Formen.

		Aind.	Griech.
Sg.	1.	*ā́s-ē*	ἧ-μαι
	2.	*ā́s-sē*	ἧσαι
	3.	*ā́s-tē*	ἧσ-ται
Du.	1.	*ā́s-vahē*	—
	2.	*ā́s-āthē*	ἧ-σθον
	3.	*ā́s-ātē*	
Pl.	1.	*ā́s-mahē*	ἥ-μεθα
	2.	*ā́-dhvē*	ἧ-σθε
	3.	*ā́s-atē*	ἥ-αται, ἧ-νται

§ 50. Die Flexionsformen des Imperfekt Indik. Medium.

a) Thematische Flexion

Musterwort (wie § 46): ai. *bhárāmi*, gr. φέρω.

		Aind.	Griech.
Sg.	1.	*á-bhar-ē*	ἐ-φερ-ό-μην
	2.	*á-bhar-a-thāḥ*	ἐ-φέρ-ε-ο > ἐφέρου
	3.	*á-bhar-a-ta*	ἐ-φέρ-ε-το

	Aind.	Griech.
Du. 1.	*á-bhar-ā-vahi*	—
2.	*á-bhar-ēthām*	ἐ-φέρ-ε-σθον
3.	*á-bhar-ētām*	
Pl. 1.	*á-bhar-ā-mahi*	ἐ-φερ-ό-μεθα
2.	*á-bhar-a-dhvam*	ἐ-φέρ-ε-σθε
3.	*á-bhar-a-nta*	ἐ-φέρ-ο-ντο

Vergl. die Bemerkungen zu § 46a und § 49a.

b) Athematische Flexion

Musterwort (wie § 49): ai. *ā́sē*, gr. ἧμαι.

	Aind.	Griech.
Sg. 1.	*ā́s-i*	ἥ-μην
2.	*ā́s-thāḥ*	ἧσο
3.	*ā́s-ta*	ἧσ-το
Du. 1.	*ā́s-vahi*	—
2.	*ā́s-āthām*	ἧσ-θον
3.	*ās-ātām*	ἥσ-θην
Pl. 1.	*ā́s-mahi*	ἥ-μεθα
2.	*ā-dhvam*	ἧ-σθε
3.	*ā́s-ata*	ἧ-ατο; ἧ-ντο

§ 51. **Die Endungen des *r*-losen Mediums.** 1. Sing. Primär ai. *ā́s-ē* „sitze" (athem.), *bhár-ē* „trage mich" (themat.), auch an. *heite* „werde genannt" > „heiße"; wohl identisch mit der Endung der 1. Sg. Perf. (ai. *cakrḗ*, § 61) und dann (wegen falisk. *pepar-ai*, ebd.) auf idg. *-ai* zurückzuführen; dazu noch abulg. *vědě* „weiß" = lat. *vīd-ī* „habe gesehen" (< **u̯oid-ai*). — Griech. -μαι (ἧμαι, φέρομαι) kann Kontamination aus *-ai* und aktivischem -μι sein; dieselbe Endung hat man auch in lit. *velmie-s* (Reflexiv) „ich will", apreuß. *as-mai* „ich bin" vermutet.

Sekundär *-i* (ablautend mit *-ai*) in ai. *ā́s-i* „saß", *ábhar-ē* (d. i. *ábhara-* + *-i*) „trug mich". Dagegen gr. -μην (dor. -μᾱν) in ἥ-μην „saß“, ἐφερό-μην „trug mich“. Eine idg. Grundform ist nicht zu gewinnen.

2. Primär idg. *-sai* in ai. *ā́s-sē* „du sitzest“ (athem.), *bhára-sē* „du trägst dich“ (themat.), entsprechend in gr. ἧσαι und φέρε-αι > φέρῃ; ferner in got. *baíra-za* „du wirst getragen“, formgleich vielleicht auch abulg. (ins Aktiv übertragen) *da-si* „du gibst“, lit. (Refl.) *desie-s* < **det-sai* (= ai. *dhat-sḗ*) „du legst dich“.

Sekundär idg. *-so* in gr. ἧσο „du saßest“ (athem.), ἐφέρε-ο > ἐφέρου „du trugst dich“ (them.); erhalten auch in lat. *seque-re* < **seqᵘe-so*. Andrerseits idg. *-thēs* in ai. *ā́s-thāḥ* „du saßest“ (athem.), *ábhara-thāḥ* „du trugst dich“.

3. Primär idg. *-tai* in ai. *ā́s-tē* = gr. ἧσ-ται „er sitzt“ (athem.), ai. *bhára-tē* = gr. φέρε-ται „er trägt sich“ (them.), letzteres auch = got. *baíra-da* „wird getragen“.

Sekundär idg. *-to* in ai. *ā́s-ta* = gr. ἧσ-το „saß“ (athem.), ai. *ábhara-ta* = gr. ἐφέρε-το „trug sich“ (them.).

Dual. 1. Nur im Ai. deutlich charakterisiert. Primär *ā́s-vahē* und *bhárā-vahē*, sekundär *ā́s-vahi* und *ábharā-vahi*, reimend auf pluralisches *-mahē* und *-mahi* (vgl. Aktiv). Gelegentlich im Griech. vorkommendes -μεθον ist Neubildung im Anschluß an pluralisches -μεθα unter Einfluß der Dualendung der 2. 3. Pers. -σθον.

2. 3. Idg. Grundformen sind nicht zu gewinnen. Vgl. die betr. Formen in § 49 und 50.

Plur. 1. Griech. -μεθα (primär und sekundär: ἥ-μεθα, φερό-μεθα und ἥ-μεθα, ἐφερό-μεθα) und ai. *-mahi* (sekundär: *ā́s-mahi* und *ábharā-mahi*) lassen sich vielleicht unter einer idg. Grundform **-medhə* vereinigen, die dann die (im Griech. verallgemeinerte) idg. Sekundärendung darstellen würde. Demgegenüber kann primäres ai. *-mahē* (*ā́s-mahē* und *bhárā-mahē*) Neubildung nach dem *-ē* der übrigen durch *ē* charakterisierten Medialformen sein.

Griech. (episch) -μεσθα, das man früher als Umgestaltung aus -μεθα unter Einfluß des -σθε der 2. Plur. zu erklären suchte, findet jetzt Anschluß an heth. Medialformen auf *-vašta*, z. B. *ar-vašta* „wir stellen uns“.

2. Ai. primäres *-dhvē* (*á-dhvē* und *bhára-dhvē*) und sekundäres *-dhvam* (*á-dhvam* und *ábhara-dhvam*) einerseits und gr. -σθε (in allen Formen, siehe § 49 u. 50) lassen sich kaum unter einer idg. Grundform vereinigen. Gemeinsam ist nur der Dental (idg. *dh*).

3. Primär idg. *-ntai* (gr. ἧ-νται und ai. *bhára-ntē* = gr. φέρο-νται; ebenso got. *bairanda* „sie werden getragen“) bzw. *-n̥tai* (ai. *ás-atē* = gr. ἧ-αται).

Sekundär idg. *-nto* (gr. ἧ-ντο und ai. *ábhara-nta* = gr. ἐφέρο-ντο) bzw. *-n̥to* (ai. *ás-ata* = gr. ἧ-ατο).

Manche Forscher setzen anstelle von *-*sai*, *-*tai*, *-*ntai* wegen gr. (arkad.) ἔσετοι (Fut.), ἀνφιλέγōντοι (Konj.) u. dgl. und im Einklang mit den *o*-haltigen Sekundärendungen *-so*, *-to*, *-nto* für die 2. 3. Sg. und 3. Pl. als idg. Grundformen *-*soi*, *-*toi*, *-*ntoi* an und erklären gr. -σαι, -ται, -νται durch analogische Umformung nach dem -μαι der 1. Sing.

§ 52. Das *r*-Medium. Neben dem in § 49—51 beschriebenen Typus der Medialbildung, die vor allem im Indo-Iranischen und Griech., in Resten auch im Germ. vorhanden ist, existiert in einer Reihe von anderen Sprachen eine (wenigstens zum Teil) abweichende Bildungsweise, bei welcher durch ein *r*-Element charakterisierte Endungen eine Rolle spielen. Derartige Endungen, die ursprünglich auf den Praes.-Stamm beschränkt sind, kennt das Lat., Osk.-Umbr., Keltische, Tocharische und Hethitische: Spuren davon sind auch im Phrygischen und Venetischen (vielleicht auch im Armenischen) zu belegen. Am verbreitetsten sind *r*-Formen in der 3. Pers. Sg. und Pl., wobei zwei verschiedene Typen zu unterscheiden sind. In dem einen Fall, der allein die 3. Sing. betrifft, stellt das *r* den einzigen Konsonanten in der Endung dar, in dem anderen erscheint es mit dem sonst für die dritten Personen charakteristischen *t*- bzw. *nt*-Element verbunden, so daß der Gedanke naheliegt, hier sei die *r*-Bildung mit den *t*- bzw.

nt-Formen sekundär verquickt („kontaminiert") worden.

Die Funktion der reinen *r*-Formen ist teils medial, teils unpersönlich passivisch, z. B. heth. *ešari* „er sitzt", ven. *tolar* „er bringt dar", umbr. *ferar* „es möge gebracht werden", air. *berir* „es wird gebracht", mkymr. *cerir* „es wird geliebt".

Die Formen mit *-t-* bzw. *-nt-* und *-r* haben teils medial-„deponentiale" Bedeutung, teils haben sie passivischen Charakter angenommen: lat. *sequitur*, *sequuntur*; osk. *vincter* „convincitur", marruc. *ferenter* „accipiuntur"; air. *labrithir* „er redet", *labritir* „sie reden"; toch. B *yāmtär*, *yamantär* zu *yām-* „machen"; heth. *artari*, *arantari* zu *ar-* „stehen, sich stellen"; phryg. αδδακετορ „er tut an".

Teilweise sind auch die nicht-dritten Personen in das „*r*-System" einbezogen worden, so namentlich im Lat. und Keltischen, z. B. 1. Sg. lat. *sequor* „folge", air. *labrur* „rede"; 1. Pl. lat. *sequimur*, air. *labrimmi*.

Die 2. Sg. lat. *sequere* (später *sequeris*) hat keine echte *r*-Endung, sondern ist (mit Rhotazismus, I § 33) auf *$seq^{u}eso$ (§ 51) zurückzuführen.

Das Verhältnis der Sprachen mit einem *r*-Medium zu denen, welche es nicht kennen, ist umstritten; jedenfalls gehören die ersteren einem bestimmten vorhistorischen „Dialektgebiet" des Gesamt-Idg. an.[1])

2. Die Modi

§ 53. Gegenüber dem Indikativ sind Konjunktiv, Optativ und Imperativ teils durch besondere Endungen, teils durch bestimmte „Moduszeichen" charakterisiert.

Der Konjunktiv ist eine Bildung, die nur in einem Teil der idg. Sprachen vorhanden und auch in denjenigen Sprachen, welche diesen Modus besitzen, nicht einheitlich ist.

1. Im Griech. und Ai. hat der Konjunktiv als Moduszeichen den mit dem Themavokal gleichlautenden und in derselben Weise wie dieser ablautenden Vokal *ē/ō*, so daß der Konjunk-

[1]) Vgl. A. Kammenhuber, Zs. f. Vergl. Sprachforsch. 77 (1961) 42—46.

tiv der athematischen Verba in diesen Sprachen wie ein thematisch flektierter Indikativ, der Konjunktiv der thematischen Verba wie ein Indikativ mit gedehntem Themavokal ($\breve{e} + \breve{e} > \bar{e}$; $\breve{o} + \breve{o} > \bar{o}$) aussieht. Die Bildung geschah ursprünglich von der Verbal-Wz. aus, wurde aber später an die Tempus-Stämme (und deren Funktion) gebunden. Während im Griech. die Personalendungen die gleichen sind wie im Praes. Indik., hat das Ai. in einigen Formen besondere Ausgänge (z. T. Sekundär-Endungen).

Für das Griech. sei zum Vergleich der Konjunktiv Praes. Akt. dem entsprechenden Indikativ eines thematischen Verbums gegenübergestellt:

		Indikativ	Konjunktiv
Sg	1.	φέρ-ω	φέρ-ω
	2.	φέρ-εις	φέρ-ῃς
	3.	φέρ-ει	φέρ-ῃ
Du.	2. 3.	φέρ-ε-τον	φέρ-η-τον
Pl.	1.	φέρ-ο-μεν	φέρ-ω-μεν
	2.	φέρ-ε-τε	φέρ-η-τε
	3.	φέρ-ο-ντι (dor.)	φέρ-ω-ντι (dor.)

Entsprechend im Medium: Ind. φέρ-ο-μαι, Konj. φέρ-ω-μαι usw.

Auch bei den athematischen Verben ist im Griech. die alte Bildung teilweise noch erhalten, z. B.

Praes. Ind. 1. Pl. ἴ-μεν „wir (werden) gehen“
Konj. ἴ-ο-μεν „laßt uns gehen“.

Doch wird diese Bildung schon früh analogisch zugunsten der „thematischen“ (d. h. langvokalischen) aufgegeben, so daß es nun auch ἴ-ω-μεν (wie φέρ-ω-μεν), ἴ-η-τε, ἴ-ω-σι usw. heißt.

Altindisch. Athematisch, z. B. 3. Sg. Praes. Konj. *ás-a-ti* < idg. **es-e-ti* neben Ind. *ás-ti* < idg. **es-ti* „ist“.

Ebenso ai. *áy-a-t(i)* < idg. **ei̯-e-ti* neben Ind. ai. *é-ti* < idg. **ei-ti* „geht“.

Thematisch, z. B. 2. Pl. Praes. Konj. *bhár-ā-tha* < idg. **bher-ē-the* (gr. φέρ-η-τε)
neben Ind. *bhár-a-tha* < idg. **bher-e-the* (gr. φέρ-ε-τε)

oder im Medium 3. Sg. Praes. Konj. *bhár-ā-tē* < idg. **bher-ē-tai* (gr. φέρ-η-ται)
neben Ind. *bhár-a-tē* < idg. **bher-e-tai* (gr. φέρ-ε-ται).

Ähnlich wie im Griech. kommen auch im Ai. bei athemat. Verben langvokalische Konjunktive nach dem Muster der themat. Bildung vor, z. B. *ás-ā-t* (neben *ás-a-ti*), *áy-ā-t* (neben *áy-a-t* und *áy-a-ti*).

Im Lat. ist diese Art der Konjunktivbildung teilweise zum Futur geworden; vgl. 2. Pl. Fut. lat. *fer-ē-tis* mit 2. Pl. Praes. Konj. gr. φέρ-η-τε. Das *-ē-* ist dann analogisch auch in Formen wie *fer-ē-mus*, *fer-e-nt* (< **fer-ē-nt*) verschleppt worden. Vgl. § 63.

Ihre Geltung als Konjunktiv haben die entsprechenden Formen (wiederum mit Verallgemeinerung des *-ē-*) in der lat. *ā*-Konjugation bewahrt, z. B. 1. Pl. *laudēmus* < **laudā-i̯ē-mos*.

2. Auf einem anderen Teilgebiet des Idg., d. h. im Lat. und Oskisch-Umbrischen (und ähnlich im Kelt. und Tochar.) ist ein durch *-ā-* charakterisierter Konjunktiv ausgebildet worden: lat. *fer-a-m*, *fer-ā-s*, *fer-a-t*, *fer-ā-mus*, *fer-ā-tis*, *fer-a-nt*. Ebenso osk. *fakiiad* (= lat. *faciat*), air. *bera* < **bherāt* (wie lat. *ferat*), toch. B 3. Sg. Konj. Med. *lipātär* (neben Indik. *lipetär* „bleibt übrig"). Der Sprachenkreis, in dem dieser *ā*-Konjunktiv gilt, deckt sich teilweise mit demjenigen, welcher das „*r*-Medium" (§ 52) hat.

§ 54. Der **Optativ** war durch das Moduszeichen idg. *-i̯ē-* bzw. schwundstufig *-ī-* gekennzeichnet. Bei den athematischen Verben stand die Stufe *-i̯ē-* im Sing. des Aktivs, *-ī-* in den übrigen Formen. Die thematischen Verben kennen nur die Stufe *-ī-*, die sich mit dem (in allen Formen gleichlautenden) Themavokal *-ŏ-* zum Diphthongen *-oi-* verband. Die Endungen sind die sekundären (§ 48 u. 51).

Athematisches Verbum. Aktiv. Muster idg. **es-/s-* „sein".

		Ai.	Griech.	Lat.	Ahd.
Sg.	1.	*s-yā́-m*	εἴην	*s-ie-m, sim*	*sī*
	2.	*s-yā́-ḥ*	εἴης	*s-iē-s, sīs*	*sīs*
	3.	*s-yā́-t*	εἴη	*s-ie-t, sit*	*sī*
Du.	1.	*s-yā́-va*	—	—	—
	2.	*s-yā́-tam*	εἴητον	—	—
	3.	*s-yā́-tām*	εἴτην, εἰήτην	—	—
Pl.	1.	*s-yā́-ma*	εἶμεν, εἴημεν	*s-ī-mus*	*sīn*
	2.	*s-yā́-ta*	εἶτε, εἴητε	*s-ī-tis.*	*sīt*
	3.	*s-y-úḥ*	εἶεν, εἴησαν	*s-i-nt*	*sīn*

Bemerkungen: Im Ai. ist die Stufe *-yā-* in den Dual und die 1. und 2. Plur. übertragen worden. Griech. εἴην < idg. **es-i̯ē-m*; εἶμεν < **es-ī-men*. Auch im Griech. ist die Stufe *-i̯ē-* teilweise in den Dual und Plur. übergeführt worden. — Im Lat. bewahren altlat. *siem, siēs, siet* (< **s-i̯ē-m* usw.) den idg. Zustand; klass. *sim, sīs, sit* haben die Stufe *-ī-* aus dem Plur. übernommen. — Im Ahd. ist die Stufe *-ī-* verallgemeinert worden.

Das Lat. hat diesen Opt. außer bei *siem* bzw. *sim* nur noch bei wenigen Verben (*velim, edim, duim*) bewahrt; sonst hat es ihn zugunsten des Konj. aufgegeben.

Medium

Im Ai. von *dviṣ-* „hassen": *dviṣ-īy-á* (mit *y* als Übergangslaut) *dviṣ-ī-thā́ḥ, dviṣ-ī-tá* usw. — Im Griech. zu τί-θη-μι „setze": τι-θε-ί-μην, τι-θε-ῖ-ο τι-θε-ῖ-το usw.

Thematisches Verbum. Muster **bher-* „tragen".

Aktiv

		Ai.	Griech.	Got.
Sg.	1.	*bhár-ēy-am*	φέρ-οι-μι	*baír-au*
	2.	*bhár-ē-ḥ*	φέρ-οι-ς	*baír-ai-s*
	3.	*bhár-ē-t*	φέρ-οι	*baír-ai*
Du.	1.	*bhár-ē-va*	—	*baír-ai-wa*
	2.	*bhár-ē-tam*	φέρ-οι-τον	*baír-ai-ts*
	3.	*bhár-ē-tām*	φερ-οί-την	—
Pl.	1.	*bhár-ē-ma*	φέρ-οι-μεν	*baír-ai-ma*
	2.	*bhár-ē-ta*	φέρ-οι-τε	*baír-ai-þ*
	3.	*bhár-ēy-uḥ*	φέρ-οι-εν	*baír-ai-na*

Bemerkungen: Ai. 1. Sg. *bhárēyam* statt **bhárayam* (< idg. **bher-oį-m̥*) mit *ē* aus den übrigen Formen; ähnlich die 3. Plur. — Got. 1. Sg. *baírau* vielleicht ebenfalls aus idg. **bher-oį-m̥*. — Das Lat. hat den Opt. der themat. Verba verloren.

Medium

		Ai.	Griech.
Sg.	1.	*bhár-ẹy-a*	φερ-οί-μην
	2.	*bhár-ē-thāḥ*	φέρ-οι-ο
	3.	*bhár-ē-ta*	φέρ-οι-το
Du.	1.	*bhár-ē-vahi*	—
	2.	*bhár-ēy-āthām*	φέρ-οι-σθον
	3.	*bhár-ē-y-ātām*	φερ-οί-σθην
Pl.	1.	*bhár-ē-mahi*	φερ-οί-μεθα
	2.	*bhár-ē-dhvam*	φέρ-οι-σθε
	3.	*bhár-ē-ran*	φέρ-οι-ντο

Bemerkungen: Das *-ēy-* in der 1. Sg. und 2. 3. Du. des Ai. ist zu beurteilen wie in der 1. Sg. Akt. — Im got. Medio-Passivum (1. 3. Sg. *baír-ai-dau*, 2. Sg. *baír-ai-zau*, 1. 2. 3. Pl. *baír-ai-ndau*) beruhen die Endungen auf analogischer Umbildung.

§ 55. Der Imperativ war nicht durch ein besonderes Moduszeichen, sondern nur durch (teilweise) eigene Personalendungen charakterisiert. Folgende Bildungen lassen sich für die idg. Grundsprache erschließen:

1. Für die 2. Sg. Akt. wird der reine Verbalstamm ohne Endung gebraucht, so stets bei den themat. Verben: idg. **bhere* „trage“ = ai. *bhára*, gr. φέρε, got. *baír*, lat. *fer* (für **fere*; vgl. *age* „treibe“). Aber auch bei athemat. Verben: idg. **ei* „gehe“ = lat. *ei* > *ī*, lit. *eĩ-k* (worin *-k* Partikel), auch gr. ἔξ-ει = lat. *ex-ī*.

2. Daneben kommt bei athemat. Verben für die 2. Sg. Akt. eine Endung idg. *-dhi* vor, z. B. idg. **i-dhi* „gehe“ = ai. *i-hí*, gr. ἴ-θι.

3. Eine Form auf idg. *-tōd*, die ursprünglich als 2. und 3. Person aller Numeri fungieren konnte. Athematisch idg. **i-tōd* = ai. *itā́t*, gr. ἴτω, lat. *ītō* (mit *ī* < *ei* statt der Schwundstufe *i*); thematisch idg. **bher-e-tōd* = ai. *bháratāt*, gr. φερέτω, lat. *fertō* (statt **feritō* wie *agitō*), vgl. auch got. *baíradau* (das in der Endung umgebildet ist). Solche Formen gelten im Ai. als 2. Sg. Du. Pl. und 3. Sg., im Griech. als 3. Sg., im Lat. als 2. 3. Sg. — Im Anschluß an sie sind einzelsprachlich vielfach Neubildungen geschaffen worden, besonders für die 3. Plur. (in Anlehnung an das Verhältnis der Endungen Sg. *-ti* bzw. *-t*, Pl. *-nti* bzw. *-nt* usw., vgl. § 48) so gr. φερ-ό-ντων zu φερέτω, lat. *ag-u-ntō* zu *agitō*, auch got. *baír-a-ndau* zu *baíradau*.

4. Für die 2. Pl. wird eine Form auf idg. *-te* verwendet, die mit der 2. Pl. Ind. gleichlautet (außer im Ai., wo letztere auf *-tha* ausgeht). Athematisch: idg. **i-te* „geht“ = ai. *itá*, gr. ἴτε, lat. *īte* (statt **īte* wie bei *ītō*; vgl. unter 3). Thematisch: idg. **bher-e-te* = ai. *bhárata*, gr. φέρετε, lat. *ferte*, (statt **ferite* wie *agite*), got. *baíriþ*.

5. Für die 3. Sg. und die 3. Pl. Praes. Akt. haben das Ai., Iran. und Heth. *u*-haltige Endungen, z. B. athemat. 3. Sg. ai. *ástu*, av. *astu*, heth. *eštu* „er soll sein“ — 3. Pl. ai. *sántu*, av. *hə̄ntū*, heth. *ašantu* „sie sollen sein“; themat. 3. Sg. ai. *bháratu*,

apers. *baratuv* „er soll bringen", heth. *ijadu* „er soll machen" — 3. Pl. ai. *bhárantu*, av. *barəntu* „sie sollen bringen", heth. *ijandu* „sie sollen machen". Vielleicht stehen zu dieser Bildung die got. Formen *baíradau*, *baírandau* (vgl. unter 3) in Beziehung.

6. Im übrigen weisen die Einzelsprachen mannigfache Neubildungen auf, so Medialformen wie gr. φερέσθω (3. Sg. und Pl.), ai. *bhárasva* (2. Sg.) usw. In anderen Fällen wurden Infinitive als Imperative gebraucht, so im Lat. die 2. Pl. Med.-Pass. *sequiminī*, deren Ausgang mit dem der griech. Infinitive auf -μεναι (§ 64) identisch zu sein scheint.

3. Die Tempora

A. DIE FORMEN DES PRAESENS-STAMMES

a) Die Stammbildung der idg. Praesentia

§ 56. Die Stammbildung der Praesentia war schon in der idg. Grundsprache sehr mannigfaltig. Hier können nur die wichtigsten Typen genannt werden. Zu unterscheiden sind primäre und abgeleitete Verba.

Primäre Verba.

1. Das Praesens wird unmittelbar von einer Verbalwurzel aus gebildet. a) Athematisch: Idg. **ei-mi* „gehe" = ai. *émi*, gr. εἶμι, lit. *eimì*; in den nichtsingularischen Formen Schwundstufe der Wz., z. B. 1. Pl. idg. **i-mes* = ai. *imáḥ*, gr. (dor.) ἴμες. — Idg. **es-mi* „bin" = ai. *ásmi*, gr. εἰμί, got. *im*, lit. *esmì*, abulg. *jesmь* (mit Umbildung der Wz.-Form lat. *sum*); 1. Pl. idg. **s-mes* = ai. *smáḥ*.

b) Thematisch: Idg. **bher-ō* „trage", 3. Sg. **bher-e-ti* = ai. *bhár-ā-mi*, *bhár-a-ti*; gr. φέρω (,φέρει); lat. *ferō*, *fert* (vgl. *agit*); got. *baíra*, *baíriþ*; abulg. *berǫ*, *beretъ* (russ. ksl. *beretъ*); lit. *sukù* „drehe".

2. Das Praesens wird mit Reduplikation gebildet (vgl. § 44, 5). a) Athematisch: Zu Wz. idg. **dhē-* „setzen, stellen,

legen" ai. 1. Sg. *dá-dhā-mi*, 1. Pl. *da-dh-máḥ*; gr. 1. Sg. τί-θη-μι, 1. Pl. τί-θε-μεν.

b) Thematisch: Zu Wz. idg. **ĝen-* „erzeugen" gr. γί-γν-ο-μαι, lat. *gi-gn-ō*. Zu Wz. idg. **st(h)ā-* „stehen" ai. 3. Sg. *tí-ṣṭh-a-ti*, lat. *si-st-i-t*. Gr. μί-μν-ω „bleibe"; lat. *serō* < **si-s-ō* „säe".

3. Die Praesens-Stammbildung erfolgt durch nasalhaltige Elemente (vgl. § 44, 3 A). a) Suffix idg **-nā-/-nə-*. Flexion athematisch. Ai. *mr̥-ṇā́-mi* „zermalme", gr. μάρ-να-μαι (< **-nə-*) „kämpfe". Einzelsprachlich öfters in thematische Flexion übergeführt: lat. *sper-nō* (vgl. *asper-nā-tur*, noch mit altem ursprünglich athematischem *-nā-*?), ahd. *spur-nu* „stoße" (vgl. ahd. 1. Sg. *spor-nō-m*); gr. κάμ-νω „mühe mich".

b) Suffix idg. **-neu-/-nu-*. Flexion athematisch. Ai. *str̥-ṇó-mi* „streue", 1. Pl. *str̥-ṇu-máḥ*; gr. στόρ-νῡ-μι (umgebildet für *-νευ-) „breite aus", 1. Pl. στόρ-νυ-μεν; dazu mit Übergang in die themat. Flexion lat. *ster-nō*. Hierher auch das *-nu-* in Bildungen wie lat. *minuō*; vgl. gr. δεικνύω für δείκ-νῡ-μι.

c) Nasal-Infixe, d. h. Einfügung nasaler Elemente in die Verbalwurzel vor dem wurzelauslautenden Konsonanten. Flexion athematisch und thematisch. Wz. idg. **i̯ug-* „verbinden": ai. *yunákti* „schirrt an", d. i. *yu-na-k-ti* (statt **yu-na-g-ti* nach I § 39), 1. Pl. *yuñjmáḥ*, d. i. *yu-ñ-j-maḥ*; vgl. lat. *iungō* (neben *iugum* „Joch"). — Ai. *limpáti* „er beschmiert", lit. *limpù* „klebe" (Wz. idg. **leip-*). Vgl. ferner lat. *rumpō* (gegen Perfekt *rūpī*), *linquō* (gegen *līquī*); gr. λαμβάνω (gegen Aorist ἔλαβον); got. *standa* „stehe" (gegen Praet. *stōþ*) usw.

4. Bildungen mit einem *-sk̂*-Element (woraus ai. *-cch-*). Flexion thematisch. a) Ohne Reduplikation. Idg. **gʷm̥-sk̂-ō* „gehe" = ai. *gácchā-mi*, gr. βάσκω; idg. **pr̥k-sk̂-ō* „frage" = ai. *pr̥cchā́-mi*, lat. *poscō* (< **porkskō*). Dafür lit. *-st-*: *kìl-st-u* „erhebe mich".

b) Mit Reduplikation (vgl. unter 2). Gr. διδάσκω „lehre“ < *δι-δακ-σκω, lat. *discō* < **di-dk-skō*. Gr. γι-γνώ-σκω „erkenne“ neben (epirot.) γνώσκω = lat. *gnōscō* > *nōscō*.

5. Bildungen mit einem -*i̯*-Formans. Flexion thematisch. Idg. **(s)pek̂-i̯ō* „schaue“ = ai. *páś-yā-mi*, lat. *spec-iō*. Gr. σπαίρω <*σπάρ-ι̯ω „zappele“ = lit. *spir-iù* „stoße mit dem Fuß“.

Abgeleitete Verba.

1. Kausativa zu primären Verben werden mit einem Suffix idg. *-éi̯o-* gebildet, wobei die Wz. normalerweise *o*-Abtönung aufweist. Idg. **sod-éi̯ō* „mache sitzen“ > „setze“ = ai. *sād-áyā-mi*, got. *satja* zu idg. **sédō* „sitze“ = got. *sita*. Idg. **loĝh-éi̯ō* „mache liegen“ > „lege“ = got. *lagja*, abulg. *ložǫ* zu idg. **léĝhō* „liege“ = got. *liga*, abulg. *ležǫ*. Idg. **tor-éi̯ō* „lasse weitergelangen“ = ai. *tāráyā-mi*, gr. τορέω zu idg. *térō* „gelange hinüber“ = ai. *tárā-mi*.

2. Mit dem gleichen Suffix werden Verba mit iterativer oder frequentativer Bedeutung zu primären Verba geschaffen. Ai. *patáyāmi*, gr. ποτέομαι „flattere, fliege umher“ zu ai. *pátāmi*, gr. πέτομαι „fliege“. Got. *wagja* (< idg. **u̯oĝhéi̯ō*) „bewege hin und her“ zu got. *ga-wiga* (< idg. **u̯éĝhō*) „bewege“. Gr. τροπέω „wende hin und her“ zu τρέπω „wende“.

3. Mit Suffix *-i̯o-* werden Denominativa gebildet. Von konsonantischen Stämmen: ai. *rajas-yā́-mi* „werde zu Staub“ (zu *rájas-* „Staub“); got. *weitwōd-ja* „bezeuge“ (zu *weitwōd-* „Zeuge“); gr. τεκταίνω < **tektn̥-i̯ō* „zimmere“ (zu τέκτων „Zimmermann“); lat. *custōd-iō* „bewache“ (zu *custōd-* „Wächter“). Von *ā*-Stämmen: ai. *pr̥tanā-yā́-mi* „kämpfe“ (zu *pŕ̥tanā* „Kampf“); gr. τιμά-ω „ehre“ (zu τιμή „Ehre“); lat. *plantō* (< **plantā-i̯ō*) „pflanze“ (zu *planta* „Pflanze“); got. *salbō* (< **salƀō-jō*) „salbe“ (zu *salba* „Salbe“); abulg. *vonjajǫ* „rieche“ (zu *vonja* „Geruch“). Von *ŏ*-Stämmen (mit der

ĕ-Form des Stammvokals, vgl. § 3, 3): ai. *vasna-yā́-mi* „feilsche" (zu *vasná-ḥ* „Kaufpreis") wie gr. ὠνέ-ο-μαι (zu ὦνο-ς); lat. *albe-ō* „bin weiß" (zu *albu-s*). Von *i*-Stämmen: ai. *jani-yā́-mi* „verlange ein Weib" (zu *jáni-ḥ* „Weib"); gr. μητί-ο-μαι „ersinne" (zu μῆτι-ς „Anschlag"); lat. *fīni-ō* (zu *fīni-s*). Von *u*-Stämmen: ai. *gātu-yā́-mi* „schaffe Zugang" (zu *gātú-ḥ* „Zugang"); gr. φιτύ-ω „erzeuge" (zu φῖτυ „Erzeugnis"); lat. *statu-ō* (zu *statu-s*).

b) Die Flexion der praesentischen Formen

§ 57. Die Flexion des Indikativs Praes. Akt. und Med. ist aus § 46 und 49, die des Konjunktivs aus § 53, des Optativs aus § 54 und die des Imperativs aus § 55 zu ersehen. Beispiel für eine 3. Sg. in allen Modi des Aktivs:

	Ind.	Konj.	Opt.	Imper.
themat. idg.	**bher-e-ti*	**bher-ē-ti*	**bher-oi-t*	**bher-e-tōd*
athemat. idg.	**es-ti*	**es-e-ti*	**s-i̯ē-t*	**es-tōd.*

c) Das Imperfekt

§ 58. Vom Praesens-Stamm wurde auch das Imperfekt gebildet, für das ein einheitlicher idg. Typus nur im Ind.-Iran. und Griech. (sowie im Phryg. und Armen.) vorhanden ist. Es war gekennzeichnet durch das „Augment" idg. **e-* (§ 44,4), an das sich die Verbalformen (mit Sekundärendungen) enklitisch anlehnten. Beispiel: 3. Sg. idg. **é-bher-e-t.* Bei vokalischem Anlaut der Verbalwurzel wurde der Vokal gedehnt: idg. **ḗs-t* „er war". Im übrigen ergibt sich die Flexion aus § 47 und 50.

Andere Sprachen bilden ein Imperfekt durch Anfügung eines „Hilfsverbums" an den Stamm des betr. Verbums. Das Bildungsprinzip ist dabei in diesen Sprachen das gleiche, doch sind die verwendeten „Hilfsverben" in den einzelnen Sprachen verschieden; vgl. lat. *ferē-bam* „trug", lit. *penė́-*

-davau „nährte", abulg. *vidě-achъ* „sah". — Grundsätzlich vom gleichen Typus ist auch das germ. „schwache" Praeteritum (got. *salbō-da* „salbte" usw.), doch dient dieses syntaktisch nicht nur dem Ausdruck der Funktion eines Imperfekts.

B. DER AORIST.

Zwei Typen der Aoristbildung lassen sich als voreinzelsprachlich erweisen: der starke oder Wurzelaorist und der schwache oder *s*-Aorist. Beide sind im Indikativ durch das Augment (§ 44, 4) charakterisiert.

a) Der Wurzel-Aorist

§ 59. Der Wurzel-Aorist gleicht seiner Bildung nach völlig dem Imperfekt zu einem nicht durch besondere Stammbildungselemente (vgl. § 56 u. 58) charakterisierten Praesens-Stamm. Von dem Imperfekt eines charakterisierten Praesens-Stammes ist er also unterschieden durch das Fehlen der besonderen Praesens-Kennzeichen (z. B. themat. gr. Aor. ἔ-λαβο-ν gegen Imperf. ἐ-λάμβανο-ν; athemat. ai. Aor. *á-dhā-m* gegen Imperf. *á-dadhā-m* zu *dhā-* „setzen, stellen, legen"). Hat der zugehörige Praesens-Stamm keine besonderen Charakteristika, so kann der Wz.-Aor. durch Ablaut der Wz.-Silbe vom Imperfekt unterschieden sein (z. B. gr. Aor. ἔ-λιπο-ν gegen Imperf. ἔ-λειπο-ν). Dieser Aor.-Typus ist in lebendigem Gebrauch nur in Sprachen vorhanden, welche auch das Imperfekt vom Typus **ébhero-m* (§ 58) kennen. Beispiel (thematisch) idg. **derk̑-* „sehen" (ai. *darś-*, gr. Praes. δέρκομαι).

Aktiv

		Ai.	Griech.
Sg.	1.	*ádr̥śam*	ἔδρακον
	2.	*ádr̥śaḥ*	ἔδρακες
	3.	*ádr̥śat*	ἔδρακε

		Ai.	Griech.
Du.	1.	*ádṛśāva*	—
	2.	*ádṛśatam*	ἐδράκετον
	3.	*ádṛśatām*	ἐδρακέτην
Pl.	1.	*ádṛśāma*	ἐδράκομεν
	2.	*ádṛśata*	ἐδράκετε
	3.	*ádṛśan*	ἔδρακον

Medium

Sg.	1.	*ádṛśē*	ἐδρακόμην
		usw.	usw.

Ebenso flektieren die reduplizierenden Aoriste vom Typus ai. *ápaptam*, gr. ἔπεφνον usw.; vgl. § 44, 5b.

Athematisch: ai. *ádām*, *ádāḥ*, *ádāt* usw. zu Wz. idg. **dō-* „geben" (< **é-dō-m* usw.); gr. ἔφῡν, ἔφῡς, ἔφῡ usw. zu Wz. idg. **bhū-* „sein, werden" (< **é-bhū-m* usw.).

Auf einen derartigen (augmentlosen) athemat. Aor. der Wz. **dhē-/dhō-* „tun, machen" gehen auch die „Endungen" des germ. schwachen Praeteritums (§ 58 Ende) zurück: got. *salbō-da* „salbte" < **-dhō-m*, *salbō-dēs* „salbtest" < **-dhē-s* usw.

Die Modi haben kein Augment; im übrigen sind sie wie im Praes. gebildet, also etwa Opt. themat. gr. δράκ-οι-μι usw., athemat. gr. φυ-ίη-ν usw.

b) Der *s*-Aorist

§ 60. Etwas verbreiteter als der Wz.-Aorist ist der *s*-Aorist, der durch Anfügung von *-s-* an die Verbal-Wz. bzw. den Verbalstamm gebildet wurde und (mit Sekundärendungen) athematisch flektierte. Am lebendigsten liegt er im Griech. vor: 1. Sg. ἔ-δειξ-α (d. i. idg. **é-deiḱ-s-m̥*) bzw. ἐ-παίδευ-σ-α. Da in manchen Formen durch lautliche Vorgänge Unkenntlichkeit der Funktion eingetreten wäre (z. B. 2. Sg. **é-deiḱ-s-s* und 3. Sg. **é-deiḱ-s-t*, die beide zu *ἔδειξ hätten führen müssen, vgl. I § 46), wurde das Flexionsparadigma im Griech. — unter

Zugrundelegung von -σα-, das in der 1. Sg. und 3. Pl. lautgesetzlich entstanden war, als Tempuszeichen — nach dem Muster anderer Tempora umgestaltet.

Im Ai. ist in vedischer Zeit eine entsprechende Bildung nur spärlich in Gebrauch, z. B. 1. Sg. *á-bhār-ṣ-am* (zu *bhar-* „tragen"), 3. Sg. *á-kṣār* (für **á-kṣār-s-t* nach I § 45; zu *kṣar-* „fließen"), 3. Pl. *á-chānt-s-uḥ* (zu *chand-* „gefallen"), wobei jeweils der Wz.-Vokal in gedehnter Form erscheint. Im klassischen Sanskrit tritt dann durch Neu- und Umbildung eine Reihe anderer *s*-haltiger Aoriste auf, z. B. (ähnlich wie im Griech., aber in beiden Sprachen unabhängig voneinander entstanden) ein *sa*-Aorist wie *á-dik-ṣa-m* (mit schwundstufiger Wz. zu **deiḱ-* „zeigen, weisen").

Im Lat., das den Aorist als selbständiges Tempus nicht mehr kennt, sind alte *s*-Aoriste in das Perfekt-System übernommen worden, z. B. *dīxī* < **deiḱ-s-ai* (mit medialer 1. Sg., vgl. § 51).

Dagegen hat das Slav. den *s*-Aorist als eigenes Tempus bewahrt, hat aber die 1. Personen mit thematischer Flexion versehen, z. B. abulg. *věsъ* „ich führte" < **vēd-s-o-m* (zu *vedǫ* „führe"). Ein Augment hat das Slav. nach § 44,4 auch im Indik. nicht.

Die Modi zum *s*-Aorist werden in den einzelnen Sprachen in Analogie zu den anderen Tempora gebildet, z. B. griech. Opt. δείξαιμι wie Praes. φέροιμι usw.

C. DAS PERFEKT

a) Bildung und Flexion

§ 61. Hauptkennzeichen des idg. Perfekts war die Reduplikation; doch gibt es auch einige Verba ohne eine solche, z. B. ai. *vḗda* = gr. οἶδα = got. *wait* „weiß". Hinzu kommen teilweise besondere Personalendungen und „Abstufung" (d. h. Ablautsvarianten) im Vokalismus der Wz.-Silbe, diese sowohl (teilweise) gegenüber den anderen Tempora als auch innerhalb des Perfekts selbst. Erhalten ist das einst wohl gemein-idg. Perfekt[1]) besonders gut im Ai. und Griech., in Trümmern auch im lat. „Perfekt", das freilich auch alte Aoristmerkmale enthält. Ferner geht das „Praeteritum" der starken Verba des Germ. auf das idg. Perfekt zurück, wobei allerdings bei den meisten Verba die Reduplikationssilbe aufgegeben wurde.

Der geläufigste Typus der Reduplikation (vgl. § 44, 5c) ist der, daß bei konsonantisch anlautenden Verben der erste Konsonant + *ĕ* der Wz. vorangestellt wird, z. B. gr. λέ-λοιπα (zu λείπω „lasse"), lat. *ce-cinī* (zu *canō* „singe"), got. *haí-hait* (zu *haita* „heiße"), ai. *ja-gắma* (zu *gam-* „gehen"). Daneben kommt (aber vielleicht erst als einzelsprachliche Neubildung) statt des *ĕ*-Vokalismus Wiederholung des Wz.-Vokals bzw. dessen Schwundstufe in der Reduplikationssilbe vor, z. B. ai. *tu-tṓda* (zu *tud-* „stoßen"), lat. *tu-tudī* (zu *tundō*). Die vokalisch anlautenden Verba reduplizierten mit einfachem *ĕ*-, das mit dem Wz.-Vokal zu einer Länge kontrahiert wurde, z.B. ai. *ắda* (zu *ad-* „essen"), lat. *ēdī* (zu *edō*).

Hinsichtlich der „Abstufung" ist der wichtigste Typus der, daß als Ablaut einem *e*-Vokalismus im Praesens *o*-Abtönung im Perfekt des Aktivs gegenübersteht (vgl. I § 25). So besonders deutlich im Griech.: Praes. λείπ-ω „lasse" — Perf. λέ-λοιπ-α < idg. **leiqʷ-ō* bzw. **le-loiqʷ-a*, dem im Germ. got. *leiƕ-a* — *laiƕ* (mit Verlust der Reduplikation) entspricht.

Die Endungen und die Stammabstufung innerhalb des Perfekts sind aus dem folgenden Beispiel ersichtlich (Muster für das Ai. *kar-* „machen", für das Griech. γίγνομαι „werde", für das Got. *nima* „nehme"):

	Ai.	Griech.	Got.
Sg. 1.	*cakắra*	γέγονα	*nam*
2.	*cakártha*	γέγονας	*namt*
3.	*cakắra*	γέγονε	*nam*

[1]) Vgl. auch J. Pokorny, Münch. Stud. z. Sprachwiss. 7 (1955) 64.

	Ai.	Griech.	Got.
Du. 1.	*cakr̥vá*	—	*nēmu*
2.	*cakráthuḥ*	γεγόνατον	*nēmuts*
3.	*cakrátuḥ*		—
Pl. 1.	*cakr̥má*	γεγόναμεν, γέγαμεν	*nēmum*
2.	*cakrá*	γεγόνατε	*nēmuþ*
3.	*cakrúḥ*	γεγόνασι, γεγάασι	*nēmun*

Die Stammabstufung (ursprünglich im Sg. des Aktivs Vollstufe, sonst Schwundstufe) wird deutlich im Ai. (Sg. Akt. *kar-*, sonst *kr̥-* bzw. *kr-*), teilweise auch im Griech. (in Pl.-Formen wie γέ-γα-μεν < **ĝe-ĝn̥-* gegenüber Sg. γέ-γον-α), desgleichen im Germ. (got. Pl. *gripum* „wir griffen" gegen Sg. *graip* „griff"; im Pl. *nēmum* usw. gegen Sg. *nam* liegt eine dehnstufige Bildung vor, die verschieden erklärt werden kann).

Von den Personalendungen sind die des Sg. als idg. **-a*, **-tha*, **-e* mit Sicherheit anzusetzen (wegen **-tha* der 2. Sg. vgl. auch gr. οἶσ-θα zu οἶδ-α „weiß"). Für die übrigen Personen sind, soweit sie nicht mit den Endungen anderer Tempora übereinstimmen, die grundsprachlichen Formen problematisch. Einigermaßen gesichert ist etwa die 1. Pl. idg. **-me* = ai. *-ma*, got. *-m*; eine Anzahl von Sprachen hat in der 3. Pl. *r*-haltige Endungen, so ai. *cakrúḥ* für *cakrúr* (s. o.), avest. *čikōitərəš* „sie sind bedacht", lat. *lēgēre* (später umgeformt zu *lēgērunt*), heth. *kuennir* „sie haben geschlagen", toch. B *weñāre* „sie haben gesagt".[1]

Medium: ai. *ca-kr-é*, *ca-kr̥-ṣé* usw.; gr. λέλεγμαι, λέλεξαι usw. (zu λέγω „sage"). — Die Endung der 1. Sg. ai. *-ē* erscheint als *-ai* in falisk. *pepar-ai* „peperī" und ist daher als idg. *-ai* anzusetzen. Den gleichen Ausgang hatte ursprünglich auch die 3. Sg. (ai. *cakré*); gr. λέλεκται (und 1. Sg. λέλεγμαι) scheint erst einzelsprachliche Neuerung (nach den Endungen des Praes.) zu sein.

[1]) Vgl. W. Belardi, La formazione del perfetto nell'indoeuropeo = Ricerche Ling. 1 (1950) 93—131.

b) Das Plusquamperfekt

§ 62. Ein Plusquamperfektum als eigene formale Kategorie kannte die idg. Grundsprache noch nicht. Einige der späteren Einzelsprachen aber haben sich unabhängig voneinander einen solchen Ausdruck für die „Vergangenheit" der perfektischen Aktionsart (vgl. § 43,3 e) geschaffen. Das Ai. und das Griech. bilden (entsprechend dem Verhältnis des Imperfekts zum Praesens, § 58) ein Plusquamperfekt als „Augment-Tempus" zum Perfekt-Stamm. Vom Ai. sind nur wenige Formen (aus vedischer Zeit) belegt, z. B. *a-ca-cakṣ-am* zu *cakṣ-* „sehen"; für das Griech. vgl. 1. Sg. Med. ἐ-πε-πράγ-μην (neben Perf. πέπραγμαι), Akt. ἐ-πε-πράχ-ει-ν (neben Perf. πέπραχα) zu πράττω „mache".

Auch das lat. Plusquamperfekt ist eine einzelsprachliche Neuerung, analogisch am Fut. II erwachsen, z. B. *lēgeram* zu *lēgerō* (< **lēg-is-ō*) nach dem Muster von *eram* neben *erō*.

D. DAS FUTURUM

§ 63. Ein Futurum als selbständige formale Kategorie hat die idg. Grundsprache wahrscheinlich noch nicht besessen. Ein Teil der historischen Einzelsprachen bildet ein durch *s*-Elemente gekennzeichnetes Futurum; aber es ist fraglich, ob und wie weit dabei schon vorhistorische Zusammenhänge bestehen. Das gilt selbst für das Indisch-Iranische und Baltische, die — wenigstens in einem Teil der Formen — ein durch *-si̯e-/-si̯o-* charakterisiertes Futurum verwenden: avest. *vax-šyā* = ai. *vak-ṣyā́-mi* „ich werde reden" (3. Sg. *vakṣyáti*), ai. *bhavi-ṣyā́-mi* „ich werde sein", lit. *dúo-siu* wie ai. *dā-syā́-mi* „ich werde geben". Doch kann die lit. Bildung vom Typus *dúosiu* auch auf **dō-séi̯ō* zurückgeführt werden (Tempus-Zeichen *-séi̯e-/-séi̯o-*) und hätte dann ihr Gegenstück in dem griech. „Fut. doricum" δωσέω.

Die griech. Futura wie δείξω, παιδεύσω usw. sind entweder als Futurum verwendete Konjunktive des *s*-Aorists (vgl. § 53) oder beruhen auf Vermischung von solchen mit dem eben geschilderten Typus auf *-si̯e-/-si̯o-*. Griechischen Bildungen wie δείξω entsprechen dann weiter, ebenfalls aus Konjunktiven hervorgegangen, die altlat. als „Futurum II" gebrauchten Formen wie *dīxō*, *faxō* usw.

Daß auch sonst, und zwar gerade im Lat., ursprüngliche Konjunktivbildungen zum Aufbau eines Fut. gedient haben, ist bereits in § 53 angedeutet worden; vgl. etwa lat. *legam* (*ā*-Konjunkt.), *legēs* usw. (*ē*-Konjunkt.). Ähnlich auch lat. *erit* = altlat. *esed* < **es-e-t*, vgl. ai. *ás-a-ti* (§ 53).

Auf der inneren Verwandtschaft von Futurum und Konjunktiv beruht es, daß neben dem Indik. Fut. in einzelnen Sprachen zwar andere Modi (z. B. griech. Opt. παιδεύσοιμι) gebildet werden können, nicht aber ein Konjunktiv.

Sprachen, welche auch in ältesten Zeiten kein eigenes formales Fut. besitzen, verwenden für den Ausdruck der zukünftigen Handlung vielfach das Praes., so z. B. got. *ga-timrja* = οἰκοδομήσω (Marc. 14, 58).

4. Die Verbalnomina

a) Die Infinitive

§ 64. Aus der großen Zahl voreinzelsprachlicher Verbalsubstantiva (Nomina actionis) haben die idg. Sprachen — teilweise erst in historischer Zeit, in Ansätzen aber auch schon grundsprachlich — verschiedene Bildungen ausgewählt und bestimmte Kasusformen davon zu Infinitiven erstarren lassen. So gibt es z. B. im klass. Sanskrit einen Infinitiv auf *-tum* (*kár-tum* zu *kar-* „machen", *é-tum* zu idg. **ei-* „gehen"), d. i. der Akk. eines Abstraktums auf idg. *-tu-* (vgl. lat. *ex-i-tu-s* u. dgl.). Die selbe Bildung kehrt im Lat. als „Supinum I" wieder: *i-tum* „zu gehen", *da-tum* „zu geben"; entsprechend dient diese

Form auf *-tum* auch im Balt. und Slav. als Supinum, z. B. lit. *dúo-tų* = abulg. *da-tъ* (< **dō-tum* „zu geben"). Das lat. „Supinum II" ist der zugehörige Lok., z. B. *da-tū* „zu geben". — Zu Abstrakta auf idg. *-ti-* gehören die Infinitive des Balt. und Slav., z. B. lit. *dúoti*, abulg. *dati* „geben". Vielleicht sind auch sie alte Lokative. — Auf Dative von *-ti-* bzw. *-tu*-Abstrakta gehen die ai. Infinitive vom Typus *pītáyē* (< **pī-tei̯-ei* oder *-ai* zu *pā-* „trinken") bzw. *dā́tavē* (< **dō-teu̯-ei* oder *-ai* zu *dā-* „geben") zurück.

Zu Stämmen auf idg. *-men-* gehören Infinitive wie ai. *dā́manē* = gr. δόμεναι (ursprüngl. Dat.) und gr. δόμεν bzw. δόμην (ursprüngl. Lok.), zu idg. **dō-* „geben"; entsprechend zu einem Stamm auf idg. **-u̯en-* ai. *dāvánē* = gr. δοϜέναι > δοῦναι „geben".

Zu *s*-Stämmen gebildet sind Formen wie ai. *jīvásē* (< **gᵘ̯ī̯u̯es-ai*, Dat.) „leben"; ähnlich lat. *vīvere* (< **gᵘ̯ī̯u̯es-i*, Lok.). Auch die griech. Inf. Aor. auf -σαι (z. B. γράψαι „schreiben") gehören hierher. Ob jedoch die griech. Inf. auf -ειν (dor. -ην) ebenfalls auf eine *s*-haltige Bildung zurückgehen, z. B. φέρειν < *φέρε-σ-εν, ist sehr fraglich.

Aus Wurzelnomina sind gebildet ai. *ájē* = lat. (Inf. Pass.) *agī*, zu idg. **ag̑-* „treiben".

Auf Akkusativen von *ŏ*-Stämmen beruhen die germ. Infinitive auf *-an*, z. B. got. *itan* < idg. **éd-o-no-m* „essen" (vgl. ai. *ádanam* „das Essen"). Ähnlich, jedoch ohne das *-no*-Suffix, ai. (ved.) Bildungen wie *ā-sádam* (zu *sad-* „setzen") und die Infinitive des Osk.-Umbrischen wie umbr. *erom* = osk. *ezum* „sein".

b) Die Partizipien

§ 65. Die Partizipien sind adjektivischer Natur. Die wichtigsten Bildungen sind:

1. Partizipia auf *-nt-*, die im Praes., Fut. und Aor. des

Aktivs gebräuchlich waren, z. B. im Praes. idg. **bher-o-nt-* zu **bher-* „tragen" in ai. *bhárant-* (Nom. Sg. Masc. *bháran*, Akk. *bhárantam*), gr. φέροντ- (Nom. Sg. Masc. φέρων, Gen. φέροντ-ος, Fem. φέρουσα < *φέροντ-ι̯α), got. *baírand-* (Nom. Sg. Masc. *baírands*, Fem. *baírandei*); lat. *ferent-* kann auf die Tiefstufe idg. **bher-n̥t-* zurückgehen; zu letzterem vgl. ai. *bhárat-* (z.B. Dat. Sg. Masc. *bháratē*, Nom. Fem. *bháratī*). Für das Lit. vgl. *sukant-* „drehend" (Nom. Sg. Masc. *suką̃s*, Fem. *sukanti*), für das Abulg. *vedǫt-* < **vedont-* (Nom. Sg. Masc. *vedy*). — Für das Fut. vgl. gr. δώσοντ- (Nom. Sg. Masc. δώσων) „geben werdend", ai. *vakṣyánt-* „sprechen werdend", für den Aorist gr. δείξαντ- (Nom. Sg. Masc. δείξας, Gen. δείξαντος) „zeigend".

2. Eine Bildung auf idg. *-meno-* dient als mediales Partizipium aller Tempora im Griech. (φερ-ό-μενο-ς usw.). Das Ai. hat dafür (bei den themat. Verben) *-māna-*, z. B. Praes. *bhára-māna-ḥ*, während das Iran. (wiederum mit anderer Ablautstufe) Formen auf *-mna-* verwendet, z. B. avest. *barəmna-* (zu *bar-* „tragen"). Reste einer zugehörigen Bildung finden sich auch noch im Lat.: *alumnus* „Zögling" (zu *alō* „nähre"), *fēmina* „Frau" (zu idg. **dhē-* „säugen"). — Daneben gibt es im Indo-Iran. (für die athemat. Verben) eine Form auf *-āna-*, z. B. ai. Praes. *dá-dh-āna-ḥ* zu *dhā-* „setzen", Perf. *ja-gm-āná-ḥ* zu *gam-* „gehen", avest. *aojanō* (zu *aog-* „sagen").

3. Ein Part. Perf. Akt. wurde mit einem Suffix *-u̯es-/-u̯os-* (Tiefstufe *-us-*) und *-u̯ot-* gebildet, z. B. ai. *ba-bhū-vás-* „gewesen seiend" (zu *bhū-* „sein") mit dem „schwachen" Stamm *babhuv-uṣ-* (z. B. Instr. Sg. *babhūvúṣ-ā*) und einem zweiten Stamm *babhūvát* (so Neutr. Sg.). Im Griech. entsprechen λελοιπώς „gelassen habend" (< **-u̯ōs*), Gen. λελοιπότ-ος (< **-u̯ot-os*), Fem. λελοιπυῖα (< **-us-i̯ə*), Neutr. λελοιπός (< **-u̯os*). Abulg. *jad-ъ*, Gen. *jad-ъš-a* (< **-u̯s-i̯ōd*, zu Wz. **ed-* „essen"); lit. *sùk-us-* „gedreht habend" (z. B. Gen. Sg.

sùk-us-io). In anderen Sprachen nur noch Reste, z. B. got. *bēr-us-jōs* „Eltern".

4. Participia Perf., die bei transitiven Verben passive Bedeutung haben, auf idg. *-no-* liegen vor in ai. *bhin-ná-ḥ* „gespalten" (Wz. *bhid-*), solche auf *-o-no-* bei den starken Verben des Germ., z. B. got. *bund-a-n-s* < idg. **bhn̥dh-o-no-s* „gebunden". Auch das Slav. kennt Verbaladjektiva auf *-nъ* (< idg. **-no-s*), z. B. *dělа-nъ* „gearbeitet" (Praes. *dělajǫ*); vgl. auch Fälle wie gr. τέκ-νο-ν „Kind" (zu τίκτω „erzeuge").

5. Verbaladjektiva bzw. Part. Perf. auf idg. *-to-* liegen vor im Ai. (z. B. *kr̥-tá-ḥ* „gemacht", zu Wz. *kar-*), im Griech. (z. B. στα-τό-ς zu ἵ-στη-μι „stelle"), im Lat. (z. B. *sta-tu-s* zu *stāre* „stehen"), im Germ. (bei allen schwachen Verben, z. B. got. *salbō-þ-s* „gesalbt"), im Lit. (z. B. *dìrb-ta-s* zu *dìrbu* „arbeite"), im Abulg. (z. B. *vi-tъ* zu *vьjǫ* „wickele").

Wörterverzeichnis

Die Zahlen bedeuten die Paragraphen. — Die Reihenfolge der Sprachen entspricht der in der Übersicht in I § 2. — Die Wörter sind grundsätzlich (auch für das Aind., Avest., Armen. usw.) nach dem lateinischen Alphabet geordnet.

Griechisch

Faliskisch

Oskisch

Marrucinisch

Umbrisch

Venetisch

Altirisch

Mittelkymrisch

Gallisch

Gotisch

Altnordisch

Angelsächsisch

Altsächsisch

Althochdeutsch

Litauisch

Altpreußisch

Altbulgarisch

Sammlung Göschen

Gesamtverzeichnis

Jeder Band DM 3,60 · Doppelband DM 5,80
Dreifachband DM 7,80

Herbst 1967

Walter de Gruyter & Co · Berlin 30

Die Bände der **Sammlung Göschen** vermitteln in konzentrierter Form den grundlegenden Stoff für das Studium der einzelnen wissenschaftlichen Disziplinen. Sie sind nicht nur Hilfsmittel für die Arbeit an Universitäten und Hochschulen, sondern auch vorzüglich geeignet für Fachschulen, Arbeitskreise und zum Selbststudium. Die Fülle des Materials hat sich besonders für die Vorbereitung zu Examina und Prüfungen bewährt. Auch eine schnelle Orientierung geht hier niemals auf Kosten der Gründlichkeit.

Inhaltsübersicht

Geisteswissenschaften

Philosophie

Einführung in die Philosophie von H. Leisegang†. 6. Aufl. 146 S. 1966. (281)

Hauptprobleme der Philosophie von G. Simmel†. 8., unveränd. Aufl. 177 S. 1964. (500)

Geschichte der Philosophie
- I: Die griechische Philosophie von W. Capelle. 1. Tl. Von Thales bis Leukippos. 3., erw. Aufl. Etwa 135 S. In Vorb. (857)
- II: Die griechische Philosophie von W. Capelle. 2. Tl. Von der Sophistik bis zum Tode Platons. 3., stark erw. Aufl. Etwa 144 S. In Vorb. (858)
- III: Die griechische Philosophie von W. Capelle. 3. Tl. Vom Tode Platons bis zur Alten Stoa. 2., stark erw. Aufl. 132 S. 1954. (859)
- IV: Die griechische Philosophie von W. Capelle. 4. Tl. Von der Alten Stoa bis zum Eklektizismus im 1. Jh. v. Chr. 2., stark erw. Aufl. 132 S. 1954. (863)
- V: Die Philosophie des Mittelalters von J. Koch. In Vorb. (826)
- VI: Von der Renaissance bis Kant von K. Schilling. 234 S. 1954. (394/394a)
- VII: Immanuel Kant von F. Kaulbach. In Vorb. (536)
- VIII: Die Philosophie des 19. Jahrhunderts von G. Lehmann. 1. Tl. 151 S. 1953. (571)
- IX: Die Philosophie des 19. Jahrhunderts von G. Lehmann. 2. Tl. 168 S. 1953. (709)
- X: Die Philosophie im ersten Drittel des 20. Jahrhunderts 1. Tl. von G. Lehmann. 128 S. 1957 (845)
- XI: Die Philosophie im ersten Drittel des 20. Jahrhunderts 2. Tl. von G. Lehmann. 114 S. 1960. (850)

Die geistige Situation der Zeit (1931) von K. Jaspers. 6. Abdr. der im Sommer 1932 bearb. 5. Aufl. 211 S. 1965. (1000)

Formale Logik von P. Lorenzen. 3., durchges. u. erw. Aufl. 184 S. 1967. (1176/1176a)

Philosophisches Wörterbuch von M. Apel†. 5., völl. neu bearb. Aufl. von P. Ludz. 315 S. 1958. (1031/1031a)

Philosophische Anthropologie. Menschliche Selbstdeutung in Geschichte und Gegenwart von M. Landmann. 2., durchges. Aufl. 223 S. 1964. (156/156a)

Pädagogik, Psychologie, Soziologie

Geschichte der Pädagogik von Herm. Weimer. 17., neubearb. Aufl. von Heinz Weimer 205 S. 1967. (145/145a)

Therapeutische Psychologie. Ihr Weg durch die Psychoanalyse von W. M. Kranefeldt M. e. Einf. von C. G. Jung. 3. Aufl. 152 S. 1956. (1034)

Allgemeine Psychologie von Th Erismann†. 4 Bde.

I : Grundprobleme. 3. Aufl. 146 S. 1965. (831)

II: Grundarten des psychischen Geschehens. 2., neubearb. Aufl. 248 S. 1959. (832/832a)

III: Experimentelle Psychologie und ihre Grundlagen. 1. Tl. 2., neubearb. Aufl. 112 S., 7 Abb. 1962. (833)

IV: Experimentelle Psychologie und ihre Grundlagen. 2. Tl. 2., neubearb. Aufl. 199 S., 20 Abb. 1962. (834/834a)

Soziologie. Geschichte und Hauptprobleme von L. von Wiese. 8. Aufl. 183 S. 1967. (101/101a)

Ideengeschichte der sozialen Bewegung des 19. und 20. Jh. von W. Hofmann. 2. Aufl. In Vorb (1205/1205a)

Sozialpsychologie von P.R. Hofstätter. 3. Aufl. 191 S., 18 Abb. 1967. (104/104a)

Psychologie des Berufs- und Wirtschaftslebens von W. Moede†. 190 S. 48 Abb. 1958. (851/851a)

Industrie- und Betriebssoziologie von R. Dahrendorf. 4. Aufl. 142 S., 3 Fig. 1967 (103)

Wirtschaftssoziologie von F. Fürstenberg. 122 S. 1961. (1193)

Einführung in die Sozialethik von H.-D. Wendland. 144 S. 1963. (1203)

Religion

Jesus von M. Dibelius†. 4. Aufl. m. e. Nachtr. von W. G. Kümmel. 140 S. 1966. (1130)

Paulus von M. Dibelius†. Nach dem Tode des Verf. hrsg. u. zu Ende gef. von W. G. Kümmel. 3., durchges. Aufl. 156 S. 1964. (1160)

Luther von F. Lau. 2., verb. Aufl. 153 S. 1966. (1187)

Melanchthon von R. Stupperich. 139 S. 1960. (1190)

Zwingli von F. Schmidt-Clausing. 119 S. 1965. (1219)

Schleiermacher. Leben und Werk von M. Redeker. In Vorb. (1177/1177a)

Sören Kierkegaard. Leben u. Werk von H. Gerdes. 134 S. 1966. (1221)

Einführung in die Konfessionskunde der orthodoxen Kirchen von K. Onasch. 291 S. 1962. (1197/1197a)

Geschichte des christlichen Gottesdienstes von W. Nagel. 215 S. 1962. (1202/1202a)

Geschichte Israels. Von den Anfängen bis zur Zerstörung des Tempels (70 n. Chr.) von E. L. Ehrlich. 2. Aufl. In Vorb. (231/231 a)

Römische Religionsgeschichte von F. Altheim. 2 Bde. 2., umgearb. Aufl.
I: Grundlagen und Grundbegriffe. 116 S. 1956. (1035)
II: Der geschichtliche Ablauf. 164 S. 1956. (1052)

Die Religion des Buddhismus von D. Schlingloff. 2 Bde.
I: Der Heilsweg des Mönchstums. 122 S., 11 Abb., 1 Kte. 1962. (174)
II: Der Heilsweg für die Welt. 129 S., 9 Abb., 1 Kte. 1963. (770)

Musik

Musikästhetik von H. J. Moser. 180 S. M. zahlr. Notenbeisp. 1953. (344)

Systematische Modulation von R. Hernried. 2. Aufl. 136 S. M. zahlr. Notenbeisp. 1950. (1094)

Der polyphone Satz von E. Pepping. 2 Bde.
I: Der cantus-firmus-Satz. 2. Aufl. 233 S. Mit zahlr. Notenbeisp. 1950. (1148)
II: Übungen im doppelten Kontrapunkt und im Kanon. 137 S. M. zahlr. Notenbeisp. 1957. (1164/1164a)

Allgemeine Musiklehre von H. J. Moser. 2., durchges. Aufl. 155 S. M. zahlr. Notenbeisp. 1955. (220/220a)

Harmonielehre von H. J. Moser. 2 Bde.
I: 109 S. M. 120 Notenbeisp. 1954. (809)
II: In Vorb. (810)

Die Musik des 19. Jahrhunderts von W. Oehlmann. 180 S. 1953. (170)

Die Musik des 20. Jahrhunderts von W. Oehlmann. 312 S. 1961. (171/171a)

Technik der deutschen Gesangskunst von H. J. Moser. 3., durchges. u. verb. Aufl. 144 S., 5 Fig., sowie Tab. u. Notenbeisp. 1954. (576/576a)

Die Kunst des Dirigierens von H. W. von Waltershausen†. 2., verm. Aufl. 138 S. M. 19 Notenbeisp. 1954. (1147)

Die Technik des Klavierspiels aus dem Geiste des musikalischen Kunstwerkes von K. Schubert†. 3. Aufl. 110 S. M. Notenbeisp. 1954. (1045)

Kunst

Stilkunde von H. Weigert. 2 Bde.
I: Vorzeit, Antike, Mittelalter. 4. Aufl. Etwa 136 S., 94 Abb. In Vorb. (80)
II: Spätmittelalter und Neuzeit. 3., durchges. u. erg. Aufl. 150 S., 88 Abb. 1958. (781)

Archäologie von A. Rumpf. 3 Bde.
I: Einleitung, historischer Überblick. 143 S., 6 Abb., 12 Taf. 1953. (538)
II: Die Archäologensprache. Die antiken Reproduktionen. 136 S., 7 Abb., 12 Taf. 1956. (539)
III: In Vorb. (540)

Geschichte

Einführung in die Geschichtswissenschaft von P. Kirn. 5., bearb. u. erg. Aufl. von J. Leuschner. 127 S. 1968. (270/270a)

Einführung in die Zeitgeschichte von B. Scheurig. 101 S. 1962. (1204)

Zeitrechnung der römischen Kaiserzeit, des Mittelalters und der Neuzeit für die Jahre 1—2000 n. Chr. von H. Lietzmann†. 3. Aufl., durchges. von K. Aland. 130 S. 1956. (1085)

Kultur der Urzeit von F. Behn. 3 Bde. 4. Aufl. der Kultur der Urzeit Bd. 1—3 von M. Hoernes.

I: Die vormetallischen Kulturen. (Die Steinzeiten Europas. Gleichartige Kulturen in anderen Erdteilen.) 172 S., 48 Abb. 1950. (564)

II: Die älteren Metallkulturen. (Der Beginn der Metallbenutzung, Kupfer- und Bronzezeit in Europa, im Orient und in Amerika.) 160 S., 67 Abb. 1950. (565)

III: Die jüngeren Metallkulturen. (Das Eisen als Kulturmetall, Hallstatt-Latène-Kultur in Europa. Das erste Auftreten des Eisens in den anderen Weltteilen.) 149 S. 60 Abb. 1950. (566)

Vorgeschichte Europas von F. Behn. Neuaufl. In Vorb. (42)

Der Eintritt der Germanen in die Geschichte von J. Haller†. 3. Aufl., durchges. von H. Dannenbauer. 120 S. 6 Kartensk. 1957. (1117)

Von den Karolingern zu den Staufern. Die altdeutsche Kaiserzeit (900—1250) von J. Haller†. 5., durchges. Aufl. von H. Dannenbauer. 142 S., 4 Ktn. 1968. In Vorb. (1065)

Von den Staufern zu den Habsburgern. Auflösung des Reichs und Emporkommen der Landesstaaten (1250—1519) von J. Haller†. 2., durchges. Aufl. von H. Dannenbauer. 118 S., 6 Kartensk. 1960. (1077)

Deutsche Geschichte im Zeitalter der Reformation, der Gegenreformation und des dreißigjährigen Krieges von F. Hartung. 2., durchges. Aufl. 128 S. 1963. (1105)

Deutsche Geschichte von 1648—1740. Politischer und geistiger Wiederaufbau von W. Treue. 120 S. 1956 (35)

Deutsche Geschichte von 1713—1806. Von der Schaffung des europäischen Gleichgewichts bis zu Napoleons Herrschaft von W. Treue. 168 S. 1957. (39)

Deutsche Geschichte von 1806—1890. Vom Ende des alten bis zur Höhe des neuen Reiches von W. Treue. 128 S. 1961. (893)

Deutsche Geschichte von 1890 bis zur Gegenwart von W. Treue. In Vorb. (894)

Quellenkunde der Deutschen Geschichte im Mittelalter (bis zur Mitte des 15. Jahrhunderts) von K. Jacob† 3 Bde.

I: Einleitung. Allgemeiner Teil. Die Zeit der Karolinger. 6. Aufl., bearb. von H. Hohenleutner. 127 S. 1959. (279)

II: Die Kaiserzeit (911—1250). 5. Aufl., neubearb. von H. Hohenleutner. 141 S. 1961. (280)

III: Das Spätmittelalter (vom Interregnum bis 1500). Hrsg. von F. Weden. 152 S. 1952. (284)

Geschichte Englands von H. Preller. 2 Bde.
I: bis 1815. 4., erw. Aufl. Etwa 135 S., 7 Stammtaf., 2 Ktn. 1967. (375/375 a)
II: Von 1815 bis 1910. 2., völl. umgearb. Aufl. 118 S., 1 Stammtaf., 7 Ktn. 1954. (1088)

Römische Geschichte von F. Altheim. 4 Bde. 2., verb. Aufl.
I: Bis zur Schlacht bei Pydna (168 v. Chr.). 124 S. 1956. (19)
II: Bis zur Schlacht bei Actium (31 v. Chr.). 129 S. 1956. (677)
III: Bis zur Schlacht an der Milvischen Brücke (312 n. Chr.). 148 S. 1958. (679)
IV: Bis zur Schlacht am Yarmuk (636 n. Chr.). In Vorb. (684)

Geschichte der Vereinigten Staaten von Amerika von O. Graf zu Stolberg-Wernigerode. 192 S., 10 Ktn. 1956. (1051/1051 a)

Deutsche Sprache und Literatur

Geschichte der deutschen Sprache von H. Sperber. 5., neubearb. Aufl. von P. von Polenz. 136 S. 1966. (915)

Deutsches Rechtschreibungswörterbuch von M. Gottschaldt†. 2., verb. Aufl. 269 S. 1953. (200/200 a)

Deutsche Wortkunde. Kulturgeschichte des deutschen Wortschatzes von A. Schirmer. 5. Aufl. von W. Mitzka. 125 S. 1965. (929)

Deutsche Sprachlehre von W. Hofstaetter. 10. Aufl. Völl. Umarb. der 8. Aufl. 150 S. 1960. (20)

Stimmkunde für Beruf, Kunst und Heilzwecke von H. Biehle. 111 S. 1955. (60)

Redetechnik. Einführung in die Rhetorik von H. Biehle. 2., erw. Aufl. 151 S. 1961. (61)

Grundlagen der Sprecherziehung von J. Jesch. 93 S., 8 Abb. 1967. (1122)

Deutsches Dichten und Denken von der germanischen bis zur staufischen Zeit von H. Naumann†. (Deutsche Literaturgeschichte vom 5.—13. Jahrhundert.) 3., verb. Aufl. In Vorb. (1121)

Deutsches Dichten und Denken vom Mittelalter zur Neuzeit von G. Müller (1270 bis 1700). 3., durchges. Aufl. In Vorb. (1086)

Deutsches Dichten und Denken von der Aufklärung bis zum Realismus (Deutsche Literaturgeschichte von 1700—1890) von K. Viëtor†. 3., durchges. Aufl. 159 S. 1958. (1096)

Deutsche Heldensage von H. Schneider. 2. Aufl., bearb. von R. Wisniewski. 148 S. 1964. (32)

Der Nibelunge Nôt in Auswahl. Mit kurzem Wörterbuch hrsg. von K. Langosch. 11., durchges. Aufl. 166 S. 1966. (1)

Kudrun und Dietrich-Epen in Auswahl mit Wörterbuch von O. L. Jiriczek. 6. Aufl., bearb. von R. Wisniewski. 173 S. 1957. (10)

Wolfram von Eschenbach, Parzifal. Eine Auswahl mit Anmerkungen und Wörterbuch von H. Jantzen. 3. Aufl., bearb. von H. Kolb. 128 S. 1966. (921)

Hartmann von Aue. Der arme Heinrich nebst einer Auswahl aus der „Klage" dem „Gregorius" und den Liedern (mit einem Wörterverzeichnis) hrsg. von F. Maurer. 2. Aufl. 96 S. 1968. Im Druck. (18)

Gottfried von Straßburg. Tristan und Isolde in Auswahl hrsg. von F. Maurer. 2. Aufl. 142 S. 1965. (22)

Die deutschen Personennamen von M. Gottschald†. 2., verb. Aufl. 151 S. 1955. (422)

Althochdeutsches Elementarbuch. Grammatik und Texte von H. Naumann† u. W. Betz. 4., verb. u. verm. Aufl. 183 S. 1967. (1111/1111 a)

Mittelhochdeutsche Grammatik von H. de Boor u. R. Wisniewski. 5., durchges. Aufl. 150 S. 1967. (1108)

Indogermanisch, Germanisch

Indogermanische Sprachwissenschaft von H. Krahe. 2 Bde.
I: Einleitung und Lautlehre. 5. Aufl. 110 S. 1966. (59)
II: Formenlehre. 4., neubearb. Aufl. 100 S. 1963. (64)

Sanskrit-Grammatik mit sprachvergleichenden Erläuterungen von M. Mayrhofer. 2., völl. neu bearb. Aufl. 110 S. 1965. (1158/1158a)

Altirische Grammatik von J. Pokorny. 2. Aufl. 1968. (896/896a)

Gotisches Elementarbuch. Grammatik. Texte mit Übersetzung und Erläuterungen von H. Hempel. 4., neubearb. Aufl. 169 S. 1966. (79/79a)

Altnordisches Elementarbuch. Einführung, Grammatik, Texte (zum Teil mit Übersetzung) und Wörterbuch von F. Ranke. 3., völl. umgearb. Aufl. von D. Hofmann. 205 S. 1967. (1115/1115a/1115b)

Germanische Sprachwissenschaft von H. Krahe. 3 Bde.
I: Einleitung und Lautlehre. 6. Aufl. 147 S. 1966. (238)
II: Formenlehre. 6. Aufl. 149 S. 1967. (780)
III: Wortbildungslehre von W. Meid. 270 S. 1967. (1218/1218a/1218b)

Englisch, Romanisch

Altenglisches Elementarbuch. Einführung, Grammatik, Texte mit Übersetzung und Wörterbuch von M. Lehnert. 6., verb. Aufl. 178 S. 1965. (1125)

Mittelenglisches Elementarbuch von H. Weinstock. 1967. In Vorb. (1226/1226 a/1226 b)

Historische neuenglische Laut- und Formenlehre von E. Ekwall. 4., verb. Aufl. 150 S. 1965. (735)

Englische Phonetik von H. Mutschmann†. 2. Aufl., bearb. von G. Scherer. 127 S. 1963. (601)

Englische Literaturgeschichte von F. Schubel. 4 Bde.
I: Die alt- und mittelenglische Periode. 2., neubearb. Aufl. 189 S. 1967. (1114/1114a)
II: Von der Renaissance bis zur Aufklärung. 160 S. 1956. (1116)
III: Romantik und Viktorianismus. 160 S. 1960. (1124)

Beowulf. Eine Auswahl mit Einführung, teilweiser Übersetzung, Anmerkungen und etymologischem Wörterbuch von M. Lehnert. 4., verb. Aufl. 135 S. 1967. (1135)

Shakespeare von P. Meißner†. 2. Aufl., neubearb. von M. Lehnert. 136 S. 1954. (1142)

Romanische Sprachwissenschaft von H. Lausberg. 4 Bde.
I: Einleitung und Vokalismus. 2., durchges. Aufl. 211 S. 1963. (128/128a)
II: Konsonantismus. 2., durchges. Aufl. 95 S. 1967. (250)
III: Formenlehre. 1. Teil. 99 S. 1962. (1199)
III: Formenlehre. 2. Teil. S. 99—260. 1962. (1200/1200a)
IV: Wortlehre. In Vorb. (1208)

Griechisch, Lateinisch

Griechische Sprachwissenschaft von W. Brandenstein. 3 Bde.
I: Einleitung, Lautsystem, Etymologie. 160 S. 1954. (117)
II: Wortbildung und Formenlehre. 192 S. 1959. (118/118a)
III: Syntax I. Einleitung. Die Flexibilien. 145 S. 1966. (924/924a)

Geschichte der griechischen Sprache. 2 Bde.
I: Bis zum Ausgang der klassischen Zeit von O. Hoffmann und A. Debrunner. 4., neubearb. Aufl. von A. Scherer. 1968. (111/111a)
II: Grundfragen und Grundzüge des nachklassischen Griechisch von A. Debrunner. 2. Aufl., bearb. von A. Scherer. 1968. (114/114a)

Geschichte der griechischen Literatur von W. Nestle. 2 Bde. 3. Aufl., bearb. von W. Liebich.
I: 144 S. 1961. (70)
II: 149 S. 1963. (557)

Grammatik der neugriechischen Volkssprache von J. Kalitsunakis. 3., wes. erw. u. verb. Aufl. 196 S. 1963. (756/756a)

Neugriechisch-deutsches Gesprächsbuch von J. Kalitsunakis. 2. Aufl., bearb. von A. Steinmetz. 99 S. 1960. (587)

Geschichte der lateinischen Sprache von F. Stolz u. A. Debrunner†. 4., stark umgearb. Aufl. von W. P. Schmid. 145 S. 1966. (492/492a)

Geschichte der römischen Literatur von L. Bieler. 2., verb. Aufl. 2 Bde.
I: Die Literatur der Republik. 160 S. 1965. (52)
II: Die Literatur der Kaiserzeit. 133 S. 1965. (866)

Orientalistik, Slavistik

Die Keilschrift von B. Meissner. 3. Aufl., neubearb. von K. Oberhuber. Etwa 150 S. 1967. (708/708 a/708 b)

Die Hieroglyphen von A. Erman. 3. Aufl., neu bearb. von O. Krückmann. 1968. In Vorb. (608/608 a/608 b)

Hebräische Grammatik von R. Meyer. 3 Bde.
- I: Einleitung, Schrift- und Lautlehre. 3., neubearb. Aufl. 120 S. 1966. (763/763 a/763 b)
- II: Formenlehre und Flexionstabellen. 3. Aufl. In Vorb. (764/764 a/764 b)
- III: Satzlehre. In Vorb. (765/765 a/765 b)

Hebräisches Textbuch zu G. Beer-R. Meyer, Hebräische Grammatik von R. Meyer. 170 S. 1960. (769/769 a)

Slavische Sprachwissenschaft von H. Bräuer. 2 Bde.
- I: Einleitung, Lautlehre. 221 S. 1961. (1191/1191 a)
- II: Formenlehre. 1. Tl. 1968. (1192/1192 a)

Vergleichende Geschichte der slavischen Literaturen von D. Tschižewskij. 2 Bde. In Vorb.
- I: Einführung. Anfänge des slavischen Schrifttums bis zum Klassizismus. (1222/1222 a)
- II: Romantik bis zur Moderne. (1223/1223 a)

Russische Grammatik von E. Berneker†. 6., verb. Aufl. von M. Vasmer†. 155 S. 1961. (66)

Polnische Grammatik von N. Damerau. 139 S. 1967. (942/942 a)

Erd- und Länderkunde, Kartographie

Afrika von F. Jaeger. Ein geographischer Überblick. 2 Bde. 3. Aufl.
- I: Der Lebensraum. 179 S., 18 Abb. In Vorb. (910)
- II: Mensch und Kultur. 155 S., 6 Abb. In Vorb. (911)

Australien und Ozeanien von H. J. Krug. 176 S., 46 Sk. 1953. (319)

Kartographie von V. Heissler. 2. Aufl. 213 S., 125 Abb., 8 Anl. 1966. (30/30 a)

Wirtschaft, Statistik, Publizistik

Allgemeine Betriebswirtschaftslehre von K. Mellerowicz. 4 Bde. 11. u. 12. durchges. Aufl.
- I: 224 S. 1964. (1008/1008 a)
- II: 188 S. 1966. (1153/1153 a)
- III: 260 S. 1967. (1154/1154 a)
- IV: 209 S. 1963. (1186/1186 a)

Allgemeine Volkswirtschaftslehre von A. Paulsen. 4 Bde.
- I: Grundlegung, Wirtschaftskreislauf. 7. Aufl. 159 S., 11 Abb. 1966. (1169)
- II: Haushalte, Unternehmungen, Marktformen. 7. Aufl. 172 S., 31 Abb. 1966. (1170)

III: Produktionsfaktoren. 5., neubearb. u. erg. Aufl. 228 S., 24 Abb. 1967. (1171/1171 a)
IV: Gesamtbeschäftigung, Konjunkturen, Wachstum. 4., neubearb. u. erg. Aufl. 188 S. 1966. (1172)

Übungsaufgaben mit Lösungen zu A. Paulsen, Allgemeine Volkswirtschaftslehre I/II von W. Wedig. 177 S. 1967. (1227/1227 a)

Geschichte der Volkswirtschaftslehre von S. Wendt. 2., neubearb. Aufl. Etwa 182 S. 1968. (1194/1194 a)

Allgemeine Volkswirtschaftspolitik von H. Ohm. 2 Bde.
I: Systematisch-Theoretische Grundlegung. 2., verb. u. erg. Aufl. 137 S., 6 Abb. 1965. (1195)
II: Der volkswirtschaftliche Gesamtorganismus als Objekt der Wirtschaftspolitik. 180 S. 1967. (1196/1196 a)

Finanzwissenschaft von H. Kolms. 4 Bde.
I: Grundlegung, Öffentliche Ausgaben. 3., verb. Aufl. 165 S. 1966. (148)
II: Erwerbseinkünfte, Gebühren und Beiträge, Allgemeine Steuerlehre. 3., verb. Aufl. 154 S. 1966. (391)
III: Besondere Steuerlehre. 2., verb. u. erg. Aufl. 205 S. 1967. (776/776 a)
IV: Öffentlicher Kredit. Öffentlicher Haushalt. Finanzausgleich. 191 S. 1964. (782/782 a)

Finanzmathematik von M. Nicolas. 2., verb. Aufl. 192 S., 11 Taf., 8 Tab. u. 72 Beisp. 1967. (1183/1183 a)

Programmierung von Datenverarbeitungsanlagen von H. J. Schneider u. D. Jurksch. 111 S., 8 Tab., 11 Abb. 1967. (1225/1225 a)

Lineare Programmierung von H. Langen. Etwa 200 S. (1206/1206 a)

Buchhaltung und Bilanz von E. Kosiol. 2., überarb. u. veränd. Aufl. 186 S. 1967. (1213/1213 a)

Industrie- und Betriebssoziologie von R. Dahrendorf. 4. Aufl. 142 S., 3 Fig. 1967. (103)

Wirtschaftssoziologie von F. Fürstenberg. 122 S. 1961. (1193)

Psychologie des Berufs- und Wirtschaftslebens von W. Moede†. 190 S. 48 Abb. 1958. (851/851 a)

Einführung in die Arbeitswissenschaft von H. H. Hilf. 169 S., 57 Abb. 1964. (1212/1212 a)

Allgemeine Methodenlehre der Statistik von J. Pfanzagl. 2 Bde.
I: Elementare Methoden unter besonderer Berücksichtigung der Anwendungen in den Wirtschafts- und Sozialwissenschaften. 4., verb. Aufl. 266 S., 51 Abb. 1967. (746/746 a)
II: Höhere Methoden unter besonderer Berücksichtigung der Anwendungen in Naturwissenschaften, Medizin und Technik. 3., verb. Aufl. 315 S., 41 Abb. 1968. (747/747 a)

Zeitungslehre von E. Dovifat. 2 Bde. 5., neubearb. Aufl.
I: Theoretische und rechtliche Grundlagen — Nachricht und Meinung —Sprache und Form. 162 S. 1967 (1039/1039 a)
II: Redaktion — Die Sparten: Verlag und Vertrieb, Wirtschaft und Technik — Sicherung der öffentlichen Aufgabe. 179 S. 1967. (1040/1040 a)

Naturwissenschaften

Mathematik

Geschichte der Mathematik von J. E. Hofmann. 4 Bde.
I: Von den Anfängen bis zum Auftreten von Fermat und Descartes. 2., verb. u. verm. Aufl. 251 S. 1963. (226/226a)
II: Von Fermat und Descartes bis zur Erfindung des Calculus und bis zum Ausbau der neuen Methoden. 109 S. 1957. (875)
III: Von den Auseinandersetzungen um den Calculus bis zur französischen Revolution. 107 S. 1957. (882)
IV: Geschichte der Mathematik der neuesten Zeit von N. Stuloff. In Vorb. (883)

Mathematische Formelsammlung von F. O. Ringleb. 8., verb. Aufl. 322 S., 40 Fig. 1967. (51/51a)

Vierstellige Tafeln und Gegentafeln für logarithmisches und trigonometrisches Rechnen in zwei Farben zusammengestellt von H. Schubert und R. Haussner. 3. neubearb. Aufl. von J. Erlebach. 158 S. 1960. (81)

Fünfstellige Logarithmen mit mehreren graphischen Rechentafeln und häufig vorkommenden Zahlenwerten von A. Adler. 4. Aufl., überarb. von J. Erlebach. 127 S., 1 Taf. 1962. (423)

Arithmetik von P. B. Fischer†. 3. Aufl. von H. Rohrbach. 152 S., 19 Abb. 1958. (47)

Höhere Algebra von H. Hasse. 2 Bde. 5., neubearb. Aufl.
I: Lineare Gleichungen. 150 S. 1963. (931)
II: Gleichungen höheren Grades. 158 S., 5 Fig. 1967. (932)

Aufgabensammlung zur höheren Algebra von H. Hasse u. W. Klobe. 3., verb. Aufl. 183 S. 1961. (1082)

Elementare und klassische Algebra vom modernen Standpunkt von W. Krull. 2 Bde.
I: 3., erw. Aufl. 148 S. 1963. (930)
II: 132 S. 1959. (933)

Algebraische Kurven und Flächen von W. Burau. 2 Bde.
I: Algebraische Kurven der Ebene. 153 S., 28 Abb. 1962. (435)
II: Algebraische Flächen 3. Grades und Raumkurven 3. und 4. Grades. 162 S., 17 Abb. 1962. (436/436a)

Einführung in die Zahlentheorie von A. Scholz†. Überarb. u. hrsg. von B. Schoeneberg. 4. Aufl. 128 S. 1966. (1131)

Formale Logik von P. Lorenzen. 3., durchges. u. erw. Aufl. 184 S. 1967. (1176/1176a)

Topologie von W. Franz. 2 Bde.
I: Allgemeine Topologie. 2., verb. Aufl. 144 S., 9 Fig. 1965. (1181)
II: Algebraische Topologie. 153 S. 1965. (1182/1182a)

Elemente der Funktionentheorie von K. Knopp†. 7. Aufl. 144 S., 23 Fig. 1966. (1109)

Funktionentheorie von K. Knopp†. 2 Bde. 11. Aufl.
I: Grundlagen der allgemeinen Theorie der analytischen Funktionen. 144 S., 8 Fig. 1965. (668)
II: Anwendungen und Weiterführung der allgemeinen Theorie. 130 S., 7 Fig. 1965. (703)

Aufgabensammlung zur Funktionentheorie von K. Knopp†. 2 Bde.
I: Aufgaben zur elementaren Funktionentheorie. 7. Aufl. 135 S. 1965. (877)
II: Aufgaben zur höheren Funktionentheorie. 6. Aufl. 151 S. 1964. (878)

Differential- und Integralrechnung von M. Barner. (Früher Witting). 4 Bde.
I: Grenzwertbegriff, Differentialrechnung. 2., durchges. Aufl. 176 S., 39 Fig. 1963. (86)

Gewöhnliche Differentialgleichungen von G. Hoheisel. 7., neubearb. u. erw. Aufl. 142 S. 1965. (920/920a)

Partielle Differentialgleichungen von G. Hoheisel. 5., durchges. Aufl. Etwa 128 S. In Vorb. (1003)

Aufgabensammlung zu den gewöhnlichen und partiellen Differentialgleichungen von G. Hoheisel. 4., neubearb. Aufl. 153 S. 1964. (1059/1059a)

Integralgleichungen von G. Hoheisel. 2., neubearb. u. erw. Aufl. 112 S. 1963. (1099)

Mengenlehre von E. Kamke. 5. Aufl. 194 S., 6 Fig. 1965. (999/999a)

Gruppentheorie von L. Baumgartner. 4., erw. Aufl. 190 S., 3 Taf. 1964. (837/837a)

Ebene und sphärische Trigonometrie von G. Hessenberg†. 5. Aufl. durchges. von H. Kneser. 172 S., 60 Fig. 1957. (99)

Darstellende Geometrie von W. Haack. 3 Bde.
I: Die wichtigsten Darstellungsmethoden. Grund- und Aufriß ebenflächiger Körper. 6. Aufl. 113 S., 120 Abb. 1967. (142)
II: Körper mit krummen Begrenzungsflächen. Kotierte Projektionen. 5., durchges. Aufl. 129 S., 86 Abb. 1967. (143)
III: Axonometrie und Perspektive. 3. Aufl. 129 S., 100 Abb. 1965. (144)

Analytische Geometrie von K. P. Grotemeyer. 3., neubearb. Aufl. 218 S., 73 Abb. 1964. (65/65a)

Nichteuklidische Geometrie. Hyperbolische Geometrie der Ebene von R. Baldus†. 4. Aufl., bearb. u. erg. von F. Löbell. 158 S., 75 Fig. 1964. (970/970a)

Differentialgeometrie von K. Strubecker. 3 Bde.
- I: Kurventheorie der Ebene und des Raumes. 2., erw. Aufl. 253 S., 45 Fig. 1964. (1113/1113a)
- II: Theorie der Flächenmetrik. 195 S., 14 Fig. 1958. (1179/1179a)
- III: Theorie der Flächenkrümmung. 254 S., 38 Fig. 1959. (1180/1180a)

Variationsrechnung von L. Koschmieder. 2 Bde. 2., neubearb. Aufl.
- I: Das freie und gebundene Extrem einfacher Grundintegrale. 128 S., 23 Fig. 1962. (1074)
- II: Anwendung klassischer Verfahren auf allgemeine Fragen des Extrems. — Neuere unmittelbare Verfahren. In Vorb. (1075)

Einführung in die konforme Abbildung von L. Bieberbach. 6., neubearb. Aufl. 184 S., 41 Zeichng. 1967. (768/768a)

Vektoren und Matrizen von S. Valentiner. 4. Aufl. (11., erw. Aufl der „Vektoranalysis"). Mit Anh.: Aufgaben zur Vektorrechnung von H. König. 206 S., 35 Fig. 1967. (354/354a)

Wahrscheinlichkeitstheorie und Grundzüge der Maßtheorie von H. Bauer. 2 Bde.
- I: 154 S. 1964. (1216/1216a)
- II: In Vorb. (1217)

Kinematik von H. R. Müller. 171 S., 75 Fig. 1963. (584/584a)

Versicherungsmathematik von F. Böhm. 2 Bde.
- I: Elemente der Versicherungsrechnung. 4. Aufl. In Vorb. (180)
- II: Lebensversicherungsmathematik. Einführung in die technischen Grundlagen der Sozialversicherung. 2., verb. u. verm. Aufl. 205 S. 1953. (917/917a)

Finanzmathematik von M. Nicolas, 2., verb. Aufl. 192 S., 11 Taf., 8 Tab. u. 72 Beisp. 1967. (1183/1183a)

Lineare Programmierung von H. Langen. Etwa 200 S. (1206/1206a)

Progammierung von Datenverarbeitungsanlagen von H. J. Schneider u. D. Jurksch. 111 S., 8 Tab., 11 Abb. 1967. (1225/1225a)

Physik

Einführung in die theoretische Physik von W. Döring. 5 Bde.
- I: Mechanik. 3., verb. Aufl. 125 S., 23 Abb. 1965. (76)
- II: Das elektromagnetische Feld. 3., umgearb. Aufl. Etwa 135 S., 15 Abb. 1968. (77/77a)
- III: Optik. 2., verb. Aufl. 117 S., 32 Abb. 1963. (78)
- IV: Thermodynamik. 2., verb. Aufl. 107 S., 9 Abb. 1964. (374)
- V: Statistische Mechanik. 2., umgearb. Aufl. 117 S., 10 Abb. 1966. (1017)

Mechanik deformierbarer Körper von M. Päsler. 199 S., 48 Abb. 1960. (1189/1189a)

Atomphysik von K. Bechert, Ch. Gerthsen† u. A. Flammersfeld. 4 Bde. 4., durchges. Aufl.
- I: Allgemeine Grundlagen. 1. Teil von A. Flammersfeld. Neuaufl. in Vorb. (1009)

II: Allgemeine Grundlagen. 2. Teil von A. Flammersfeld. Neuaufl. In Vorb. (1033)
III: Theorie des Atombaus. 1. Teil von K. Bechert. 148 S., 16 Abb. 1963. (1123/1123a)
IV: Theorie des Atombaus. 2. Teil von K. Bechert. 170 S., 14 Abb. 1963. (1165/1165a)

Differentialgleichungen der Physik von F. Sauter. 4., durchges. u. erg. Aufl. 147 S., 16 Fig. 1966. (1070)

Physikalische Formelsammlung von G. Mahler†. Fortgef. von K. Mahler. Neubearb. von E. Sohr. 12. Aufl. 167 S., 69 Fig. 1967. (136/136a)

Physikalische Aufgabensammlung mit Ergebnissen von G. Mahler†. Fortgef. von K. Mahler. Neubearb. von H. Graewe. 12. Aufl. 141 S. 1964. (243)

Chemie

Geschichte der Chemie in kurzgefaßter Darstellung von G. Lockemann. 2 Bde. 2. Aufl.
I: Vom Altertum bis zur Entdeckung des Sauerstoffs. 142 S., 4 Bildn. In Vorb. (264)
II: Von der Entdeckung des Sauerstoffs bis zur Gegenwart. 151 S., 16 Bildn. In Vorb. (265/265a)

Anorganische Chemie von W. Klemm. 14. Aufl. 255 S., 34 Abb. 1967. (37/37a)

Organische Chemie von W. Schlenk jun. 10., erw. Aufl. 273 S., 16 Abb. 1965. (38/38a)

Physikalische Methoden in der Organischen Chemie von G. Kresze. 2 Bde.
I: 119 S., 65 Abb. 1962. (44)
II: 164 S. 1962. (45/45a)

Allgemeine und physikalische Chemie von W. Schulze. 2 Bde.
I: 6., verb. Aufl. 139 S., 10 Fig. 1964. (71)
II: 6., erw. Aufl. Etwa 178 S. 49 Fig. 1968. (698/698a)

Molekülbau. Theoretische Grundlagen und Methoden der Strukturermittlung von W. Schulze. 123 S., 43 Fig. 1958. (786)

Einfache Versuche zur allgemeinen und physikalischen Chemie von E. Dehn. 371 Versuche m. 40 Abb. 272 S. 1962. (1201/1201a)

Physikalisch-chemische Rechenaufgaben von E. Asmus. 4., verb. Aufl. 96 S. 1967. (445)

Maßanalyse. Theorie und Praxis der klassischen und der elektrochemischen Titrierverfahren von G. Jander und K. F. Jahr. 11., durchges. Aufl., mitbearb. von H. Knoll. 359 S., 56 Fig. 1966. (221/221a)

Qualitative Analyse von H. Hofmann u. G. Jander. 3., durchges. u. verb. Aufl. 308 S., 5 Abb. 1967. (247/247a)

Stöchiometrische Aufgabensammlung von W. Bahrdt† u. R. Scheer. Mit den Ergebnissen. 9., durchges. Aufl. 119 S. 1967. (452/452a)

Elektrochemie von K. Vetter. 2 Bde.
I: In Vorb. (252)
II: In Vorb. (253)

Geochemie von K. H. Wedepohl. 221 S., 26 Abb., 37 Tab. 1967. (1224/1224a/1224b)

Kristallchemie von J. Zemann. 144 S., 90 Abb. 1966. (1220/1220a)

Technologie

Die Chemie der Kunststoffe von K. Hamann. 2., neu überarb. Aufl. unt. Mitarb. von W. Funke u. K. Nollen. 177 S. 1967. (1173/1173a)

Warenkunde von K. Hassak u. E. Beutel†. 2 Bde.
I: Anorganische Waren sowie Kohle und Erdöl. 8. Aufl. Neubearb. von A. Kutzelnigg. 119 S., 18 Fig. 1958. (222)
II: Organische Waren. 8. Aufl. Vollst. neu bearb. von A. Kutzelnigg. 157 S., 32 Fig. 1959. (223)

Die Fette und Öle von Th. Klug. 6., verb. Aufl. 143 S. 1961. (335)

Die Seifenfabrikation von K. Braun†. 3., neubearb. u. verb. Aufl. von Th. Klug. 116 S., 18 Abb. 1953. (336)

Thermische Verfahrenstechnik von H. Bock. 3 Bde.
I: Eigenschaften und Verhalten der realen Stoffe. 184 S., 28 Abb. 1963. (1209/1209a)
II: Funktion und Berechnung der elementaren Geräte. 195 S., 54 Abb. 1964. (1210/1210a)
III: Fließbilder, ihre Funktion und ihr Zusammenbau aus Geräten. 224 S., 67 Abb. 1965. (1211/1211a)

Textilindustrie von A. Blümcke.
I: Spinnerei und Zwirnerei. 111 S., 43 Abb. 1954. (184)

Biologie

Einführung in die allgemeine Biologie und ihre philosophischen Grund- und Grenzfragen von M. Hartmann. 2., unveränd. Aufl. 132 S., 2 Abb. 1965. (96)

Hormone von G. Koller. 2., neubearb. u. erw. Aufl. 187 S., 60 Abb., 19 Tab. 1949. (1141)

Fortpflanzung im Tier- und Pflanzenreich von J. Hämmerling. 2., erg. Aufl. 135 S., 101 Abb. 1951. (1138)

Geschlecht und Geschlechtsbestimmung im Tier- und Pflanzenreich von M. Hartmann. 2., verb. Aufl. 116 S., 61 Abb., 7 Tab. 1951. (1127)

Symbiose der Tiere mit pflanzlichen Mikroorganismen von P. Buchner. 2., verb. u. verm. Aufl. 130 S., 121 Abb. 1949. (1128)

Grundriß der allgemeinen Mikrobiologie von W. u. A. Schwartz. 2 Bde. 2., verb. u. erg. Aufl.
I: 147 S., 25 Abb. 1960. (1155)
II: 142 S., 29 Abb. 1961. (1157)

Botanik

Entwicklungsgeschichte des Pflanzenreiches von H. Heil. 2. Aufl. 138 S., 94 Abb., 1 Tab. 1950. (1137)

Morphologie der Pflanzen von L. Geitler. 3., umgearb. Aufl. 126 S., 114 Abb. 1953. (141)

Pflanzengeographie von L. Diels†. 5., völl. neu bearb. Aufl. von F. Mattick. 195 S., 2 Ktn. 1958. (389/389a)

Die Laubhölzer. Kurzgefaßte Beschreibung der in Mitteleuropa gedeihenden Laubbäume und Sträucher von F. W. Negert† und E. Münch†. 3., durchges. Aufl., hrsg. von B. Huber. 143 S., 63 Fig., 7 Tab. 1950. (718)

Die Nadelhölzer (Koniferen) und übrigen Gymnospermen von F. W. Negert† und E. Münch†. 4. Aufl., durchges. u. erg. von B. Huber. 140 S., 75 Fig., 4 Tab., 3 Ktn. 1952. (355)

Pflanzenzüchtung von H. Kuckuck. 2 Bde.
- I: Grundzüge der Pflanzenzüchtung. 3., völl. umgearb. u. erw. Aufl. 132 S., 22 Abb. 1952. (1134)
- II: Spezielle gartenbauliche Pflanzenzüchtung (Züchtung von Gemüse, Obst und Blumen). 2. Aufl. In Vorb. (1178/1178a)

Zoologie

Entwicklungsphysiologie der Tiere von F. Seidel. 2 Bde. 2. Aufl.
- I: Ei und Furchung. Etwa 160 S., 61 Abb. (1162)
- II: Körpergrundgestalt und Organbildung. In Vorb. (1163)

Vergleichende Physiologie der Tiere von K. Herter. 2 Bde. 4. Aufl. der „Tierphysiologie".
- I: Stoff- und Energiewechsel. Neu bearb. von K. Urich. 158 S., 61 Abb. 1966. (972/972a)
- II: Bewegung und Reizerscheinungen. Neu bearb. von G. Birukow. In Vorb. (973/973a)

Das Tierreich
- I: Einzeller, Protozoen von E. Reichenow. 115 S., 59 Abb. 1956. (444)
- II: Schwämme und Hohltiere von H. J. Hannemann. 95 S., 80 Abb. 1956. (442)
- III: Würmer. Platt-, Hohl-, Schnurwürmer, Kamptozoen, Ringelwürmer, Protracheaten, Bärtierchen, Zungenwürmer von S. Jaeckel. 114 S., 36 Abb. 1955. (439)
- IV, 1: Krebse von H. E. Gruner und K. Deckert. 114 S., 43 Abb. 1956. (443)
- IV, 2: Spinnentiere (Trilobitomorphen, Fühlerlose) und Tausendfüßler von A. Kaestner. 96 S., 55 Abb. 1955. (1161)
- IV, 3: Insekten von H. von Lengerken. 2., neubearb. Aufl. 140 S., 59 Abb. 1966. (594)
- V: Weichtiere. Urmollusken, Schnecken, Muscheln und Kopffüßer von S. Jaeckel. 92 S., 34 Fig. 1954. (440)

VI: Stachelhäuter. Tentakulaten, Binnenatmer und Pfeilwürmer von S. Jaeckel. 100 S., 46 Abb. 1955. (441)
VII, 1: Manteltiere, Schädellose, Rundmäuler von H. Fechter. In Vorb. (448)
VII, 2: Fische von D. Lüdemann. 130 S., 65 Abb. 1955. (356)
VII, 3: Lurche (Chordatiere) von K. Herter. 143 S., 129 Abb. 1955. (847)
VII, 4: Kriechtiere (Chordatiere) von K. Herter. 200 S., 142 Abb. 1960. (447/447 a)
VII, 5: Vögel (Chordatiere) von H.-A. Freye. 156 S., 69 Fig. 1960. (869)
VII, 6: Säugetiere (Chordatiere) von Th. Haltenorth. In Vorb. (282/282 a)

Land- und Forstwirtschaft

Landwirtschaftliche Tierzucht. Die Züchtung und Haltung der landwirtschaftlichen Nutztiere von H. Vogel. 139 S., 11 Abb. 1952. (228)

Kulturtechnische Bodenverbesserungen von O. Fauser. 2 Bde. 5., verb. u. verm. Aufl.
I: Allgemeines, Entwässerung. 127 S., 49 Abb. 1959. (691)
II: Bewässerung, Ödlandkultur, Flurbereinigung. 159 S., 71 Abb. 1961. (692)

Agrikulturchemie von K. Scharrer. 2 Bde.
I: Pflanzenernährung. 143 S. 1953. (329)
II: Futtermittelkunde. 192 S. 1956. (330/330 a)

Geologie, Mineralogie, Kristallographie

Geologie von F. Lotze. 3., verb. Aufl. 179 S., 80 Abb. 1965. (13/13a)

Mineral- und Erzlagerstättenkunde von H. Huttenlocher†. 2 Bde. 2., neubearb. Aufl. von P. Ramdohr.
I: 137 S., 40 Abb., 2 Tab. 1965. (1014/1014a)
II: 135 S., 41 Abb. 1965. (1015/1015 a)

Allgemeine Mineralogie. 12., erw. Aufl. der „Mineralogie" von R. Brauns† neubearb. von K. F. Chudoba. 152 S., 143 Textfig., 1 Taf., 3 Tab. 1968. (29/29 a)

Spezielle Mineralogie. 11., erw. Aufl. der „Mineralogie" von R. Brauns†, bearb. von K. F. Chudoba. 193 S., 127 Textfig., 6 Tab. 1964. (31/31 a)

Petrographie (Gesteinskunde) von W. Bruhns†. Neubearb. von P. Ramdohr. 6., erw. Aufl. 141 S., 21 Fig. 1966. (173)

Geochemie von K. H. Wedepohl. 221 S., 26 Abb., 37 Tab. 1967. (1224/1224 a/1224 b)

Kristallchemie von J. Zemann. 144 S., 90 Abb. 1966. (1220/1220 a)

Kristallographie von W. Bruhns†. 6. Aufl., neubearb. von P. Ramdohr. 115 S., 164 Abb. 1965. (210)

Einführung in die Kristalloptik von E. Buchwald. 5., verb. Aufl. 128 S., 117 Fig. 1963 (619/619 a)

Lötrohrprobierkunde. Mineraldiagnose mit Lötrohr und Tüpfelreaktion von M. Henglein. 4., durchges. u. erw. Aufl. 108 S., 12 Fig. 1962. (483)

Technik

Graphische Darstellung in Wissenschaft und Technik von M. Pirani. 3., erw. Aufl. bearb. von J. Fischer unt. Benutzg. der von I. Runge bes. 2. Aufl. 216 S., 104 Abb. 1957. (728/728a)

Technische Tabellen und Formeln von W. Müller. 5., verb. u. erw. Aufl. von E. Schulze. 165 S., 114 Abb., 99 Taf. 1962. (579)

Einführung in die Arbeitswissenschaft von H. H. Hilf. 164 S., 57 Abb. 1964. (1212/1212a)

Grundlagen der Straßenverkehrstechnik. Theorie der Leistungsfähigkeit von E. Engel. 101 S., 55 Abb. 1962. (1198)

Elektrotechnik

Grundlagen der allgemeinen Elektrotechnik von O. Mohr. 3. Aufl. 260 S., 136 Bild., 14 Taf. 1965. (196/196a)

Die Gleichstrommaschine von K. Humburg. 2 Bde. 3. Aufl.
I: Etwa 102 S., 59 Abb. In Vorb. (257)
II: Etwa 101 S., 38 Abb. In Vorb. (881)

Die Synchronmaschine von W. Putz. 92 S., 64 Bild. 1962. (1146)

Induktionsmaschinen von F. Unger. 3. Aufl. In Vorb. (1140)

Die komplexe Berechnung von Wechselstromschaltungen von H. H. Meinke. 3., neubearb. Aufl. 185 S., 126 Abb. 1965. (1156/1156a)

Theoretische Grundlagen zur Berechnung der Schaltgeräte von F. Kesselring. 4. Aufl. 1968. (711/711a/711b)

Einführung in die Technik selbsttätiger Regelungen von W. zur Megede. 3., überarb. u. erw. Aufl. Etwa 180 S., 86 Abb. 1968. In Vorb. (714/714a)

Elektromotorische Antriebe von W. Meyer. 223 S., 113 Abb. 1967. (827/827a/827b)

Überspannungen und Überspannungsschutz von G. Frühauf. Durchges. Neudr. 122 S., 98 Abb. 1950. (1132)

Elektrische Höchstspannungs-Schaltanlagen. Für Freiluft und Innenanordnung von G. Meiners u. K.-H. Wiesenewsky. 133 S., 58 Abb. 1964. (796/796a)

Transformatoren von W. Schäfer. 5., überarb. u. erg. Aufl. 130 S., 73 Abb. 1967. (952/952a)

Maschinenbau

Thermische Verfahrenstechnik von H. Bock. 3 Bde.
I: Eigenschaften und Verhalten der realen Stoffe. 184 S., 28 Abb. 1963. (1209/1209a)
II: Funktion und Berechnung der elementaren Geräte. 195 S., 54 Abb. 1964. (1210/1210a)
III: Fließbilder, ihre Funktion und ihr Zusammenbau aus Geräten. 224 S., 67 Abb. 1965. (1211/1211a)

Technische Thermodynamik von U. Grigull. 171 S., 74 Abb. 1966. (1084/1084a)

Metallkunde von H. Borchers. 3 Bde.
I: Aufbau der Metalle und Legierungen. 6. Aufl. 120 S., 90 Abb., 2 Tab. 1964. (432)
II: Eigenschaften, Grundzüge der Form- und Zustandsgebung. 5., erg. u. durchges. Aufl. 182 S., 107 Abb., 10 Tab. 1963. (433/433a)
III: Die metallkundlichen Untersuchungsmethoden von E. Hanke. In Vorb. (434)

Die Werkstoffe des Maschinenbaues von A. Thum† und C. M. v. Meysenbug. 2 Bde.
I: Einführung in die Werkstoffprüfung. 3. Aufl. In Vorb. (476)
II: Die Konstruktionswerkstoffe. 132 S., 40 Abb. 1959. (936)

Dynamik von W. Müller. 2 Bde. 2., verb. Aufl.
I: Dynamik des Einzelkörpers. 128 S., 48 Fig. 1952. (902)
II: Systeme von starren Körpern. 102 S., 41 Fig. 1952. (903)

Technische Schwingungslehre von L. Zipperer. 2 Bde. 2., neubearb. Aufl.
I: Allgemeine Schwingungsgleichungen, einfache Schwinger. 120 S., 101 Abb. 1953. (953)
II: Torsionsschwingungen in Maschinenanlagen. 102 S., 59 Abb. 1955. (961/961a)

Werkzeugmaschinen für Metallbearbeitung von K. P. Matthes. 2 Bde.
I: 100 S., 27 Abb., 11 Zahlentaf., 1 Tafelanh. 1954. (561)
II: Fertigungstechnische Grundlagen der neuzeitlichen Metallbearbeitung. 101 S., 30 Abb., 5 Taf. 1955. (562)

Das Maschinenzeichnen mit Einführung in das Konstruieren von W. Tochtermann. 2 Bde. 4. Aufl.
I: Das Maschinenzeichnen. 156 S., 75 Taf. 1950 (589)
II: Ausgeführte Konstruktionsbeispiele. 130 S., 58 Taf. 1950. (590)

Die Maschinenelemente von E. A. vom Ende†. 4., überarb. Aufl. 184 S., 179 Fig., 11 Taf. 1963. (3/3a)

Die Maschinen der Eisenhüttenwerke von L. Engel. 156 S., 95 Abb. 1957. (583/583a)

Walzwerke von H. Sedlaczek†. 3., neubearb. Aufl. In Vorb. (580/580a)

Getriebelehre von P. Grodzinski†. 2 Bde. 3., neubearb. Aufl. von G. Lechner.
I: Geometrische Grundlagen. 164 S., 131 Fig. 1960. (1061)
II: Angewandte Getriebelehre. In Vorb. (1062)

Kinematik von H. R. Müller. 171 S., 75 Fig. 1963. (584/584a)

Gießereitechnik von H. Jungbluth. 2 Bde.
I: Eisengießerei. 126 S., 44 Abb. 1951. (1159)

Die Dampfkessel einschließlich Feuerungen und Hilfseinrichtungen. Physikalische und chemische Grundlagen, Berechnung und Konstruktion, Vorschriften und Beispiele von W. Marcard. 3., neubearb. Aufl. von G. Beyer 2 Bde.
I: Physikalische und chemische Grundlagen, Wärmelehre, Wärmeübertragung, Verbrennung. 133 S., 35 Bild., 26 Tab. 1964. (9/9a)
II: Berechnung und Konstruktion. Dampfkessel, Hilfseinrichtungen. Feuerungen, Berechnung. 108 S., 45 Bild. 1966. (521/521a)

Die Dampfturbinen. Ihre Wirkungsweise, Berechnung und Konstruktion von C. Zietemann. 3 Bde.
I: Theorie der Dampfturbinen. 4. Aufl. 139 S., 48 Abb. In Vorb. (274)
II: Die Berechnung der Dampfturbinen und die Konstruktion der Einzelteile. 4., verb. Aufl. 132 S. 111 Abb. In Vorb. (715)
III: Die Regelung der Dampfturbinen, die Bauarten, Turbinen für Sonderzwecke, Kondensationsanlagen. 3., verb. Aufl. 126 S., 90 Abb. 1956. (716)

Verbrennungsmotoren von W. Endres. 3 Bde.
I: Überblick. Motor-Brennstoffe, Verbrennung im Motor allgemein, im Otto- und Diesel-Motor. 2. Aufl. In Vorb. (1076/1076a)
II: Gaswechselvorgang. Aufladen, Leistung, mittl. Druck, Reibung, Wirkungsgrade und Kraftstoffverbrauch. 152 S., 62 Abb. 1966. (1184/1184a)
III: Die Einzelteile des Verbrennungsmotors. In Vorb. (1185/1185a)

Autogenes Schweißen und Schneiden von H. Niese. 5. Aufl., neubearb. von A. Küchler. 136 S., 71 Fig. 1953. (499)

Die elektrischen Schweißverfahren von H. Niese. 2. Aufl., neubearb. von H. Dienst. 136 S., 58 Abb. 1955. (1020)

Die Hebezeuge. Entwurf von Winden und Kranen von G. Tafel. 2., verb. Aufl. 176 S., 230 Fig. 1954. (414/414a)

Vermessungswesen

Vermessungskunde von W. Großmann. 3 Bde.
I: Stückvermessung und Nivellieren. 12., verb. Aufl. 156 S., 122 Fig. 1965., (468)
II: Horizontalaufnahmen und ebene Rechnungen. 10., verb. Aufl. 149 S., 101 Fig. 1967. (469/469a)
III: Trigonometrische und barometrische Höhenmessung. Tachymetrie und Absteckungen. 8., verb. Aufl. 140 S., 102 Fig. 1965. (852)

Kartographie von V. Heissler. 2. Aufl. 213 S., 125 Abb., 8 Anl. 1966. (30/30a)

Photogrammetrie von G. Lehmann. 2., neubearb. Aufl. 205 S., 135 Abb. 1966. (1188/1188a)

Wasserbau

Wasserkraftanlagen von A. Ludin unt. Mitarb. von W. Borkenstein. 2 Bde.
I: Planung, Grundlagen und Grundzüge. 124 S., 60 Abb. 1955. (665)
II: Anordnung und Ausbildung der Hauptbauwerke. 184 S., 91 Abb. 1958. (666/666 a)

Verkehrswasserbau von H. Dehnert. 3 Bde.
I: Entwurfsgrundlagen, Flußregelungen 103 S., 53 Abb. 1950. (585)
II: Flußkanalisierung und Schiffahrtskanäle. 94 S., 60 Abb. 1950. (597)
III: Schleusen und Hebewerke. 98 S., 70 Abb. 1950 (1152)

Wehr- und Stauanlagen von H. Dehnert. 134 S., 90 Abb. 1952. (965)

Talsperren von F. Tölke. 122 S., 70 Abb. 1953. (1044)

Hoch- und Tiefbau

Die wichtigsten Baustoffe des Hoch- und Tiefbaus von O. Graf†. 4., verb. Aufl. 131 S., 63 Abb. 1953. (984)

Baustoffverarbeitung und Baustellenprüfung des Betons von A. Kleinlogel. 2., neubearb. u. erw. Aufl. 126 S., 35 Abb. 1951. (978)

Festigkeitslehre. 2 Bde.
I: Elastizität, Plastizität und Festigkeit der Baustoffe und Bauteile von W. Gehler† u. W. Herberg. Durchges. u. erw. Neudr. 159 S., 118 Abb. 1952. (1144)
II: Formänderung, Platten, Stabilität und Bruchhypothesen von W. Herberg und N. Dimitrov. 187 S., 94 Abb. 1955. (1145/1145 a)

Grundlagen des Stahlbetonbaues von A. Troche. 2., neubearb. u. erw. Aufl. 208 S., 75 Abb., 17 Bemessungstaf., 20 Rechenbeisp. 1953. (1078)

Statik der Baukonstruktionen von A. Teichmann 3 Bde.
I: Grundlagen. 101 S., 51 Abb., 8 Formeltaf. 1956. (119)
II: Statisch bestimmte S'abwerke. 107 S., 52 Abb., 7 Taf. 1957 (120)
III: Statisch unbestimmte Systeme. 112 S., 34 Abb., 7 Formeltaf. 1958. (122)

Fenster, Türen, Tore aus Holz und Metall. Eine Anleitung zu ihrer guten Gestaltung, wirtschaftlichen Bemessung und handwerksgerechten Konstruktion von W. Wickop†. 5. Aufl. In Vorb. (1092)

Heizung und Lüftung von W. Körting. 2 Bde., neubearb. Aufl.
I: Das Wesen und die Berechnung der Heizungs- und Lüftungsanlagen. 171 S., 29 Abb., 36 Zahlentaf. 1962. (342/342a)
II: Die Ausführung der Heizungs- und Lüftungsanlagen. In Vorb. (343)

Industrielle Kraft- und Wärmewirtschaft von F. A. F. Schmidt u. A. Beckers. 167 S., 73 Abb. 1957. (318/318 a)

Sammlung Göschen / Bandnummernfolge

1 Langosch, Der Nibelunge Nôt
3/3a v. Ende, Maschinenelemente
9/9a Marcard-Beyer, Dampfkessel I
10 Jiriczek-Wisniewski, Kudrun und Dietrich-Epen
13/13a Lotze, Geologie
18 Maurer, Hartmann von Aue, Der arme Heinrich
19 Altheim, Römische Geschichte I
20 Hofstaetter, Dt. Sprachlehre
22 Maurer, Gottfried von Strassburg
29/29a Brauns-Chudoba, Allgemeine Mineralogie
30/30a Heissler, Kartographie
31/31a Brauns-Chudoba, Spezielle Mineralogie
32 Schneider-Wisniewski, Deutsche Heldensage
35 Treue, Dt. Geschichte von 1648 bis 1740
37/37a Klemm, Anorgan. Chemie
38/38a Schlenk, Organische Chemie
39 Treue, Dt. Geschichte von 1713 bis 1806
42 Behn-Hoernes, Vorgeschichte Europas
44 Kresze, Physikal. Meth. in der Organ. Chemie I
45/45a Kresze, Physikal. Meth. in der Organ. Chemie II
47 Fischer-Rohrbach, Arithmetik
51/51a Ringleb, Mathem. Formelsammlung
52 Bieler, Röm. Literaturgesch. I
59 Krahe, Indogerm. Sprachwiss. I
60 Biehle, Stimmkunde
61 Biehle, Redetechnik
64 Krahe, Indogerm. Sprachwiss. II
65/65a Grotemeyer, Analyt. Geometrie
66 Berneker-Vasmer, Russische Grammatik
70 Nestle-Liebich, Gesch. d. griechischen Literatur I
71 Schulze, Allgemeine und physikalische Chemie I
76 Döring, Einf. i. d. th. Physik I
77/77a Döring, Einf. i. d. th. Physik II
78 Döring, Einf. i. d. th. Physik III
79/79a Hempel, Got. Elementarbuch
80 Weigert, Stilkunde I
81 Schubert-Haussner-Erlebach, Vierstell. Logarithmentafeln
86 Barner, Differential- u. Integralrechnung I
96 Hartmann, Einf. in die allgem. Biologie
99 Hessenberg-Kneser, Ebene und sphär. Trigonometrie
101/101a Wiese, Soziologie
103 Dahrendorf, Industrie- und Betriebssoziologie
104/104a Hofstätter, Sozialpsychologie
111/111a Hoffmann-Debrunner-Scherer, Gesch. d. griechischen Sprache I
114/114a Debrunner-Scherer, Gesch. der griechischen Sprache II
117 Brandenstein, Griechische Sprachwissenschaft I
118/118a Brandenstein, Griechische Sprachwissenschaft II
119 Teichmann, Statik der Baukonstruktionen I
120 Teichmann, Statik der Baukonstruktionen II
122 Teichmann, Statik der Baukonstruktionen III

128/128 a Lausberg, Romanische Sprachwissenschaft I
136/136 a Mahler-Sohr, Physikal. Formelsammlung
141 Geitler, Morphologie der Pflanzen
142 Haack, Darst. Geometrie I
143 Haack, Darst. Geometrie II
144 Haack, Darst. Geometrie III
145/145 a Weimer, Gesch. der Pädagogik
148 Kolms, Finanzwissenschaft I
156/156 a Landmann, Philosophische Anthropologie
170 Oehlmann, Musik des 19. Jhs.
171/171 a Oehlmann, Musik des 20. Jhs.
173 Bruhns-Ramdohr, Petrographie
174 Schlingloff, Religion des Buddhismus I
180 Böhm, Versicherungsmathem. I
184 Blümcke, Textilindustrie I
196/196 a Mohr, Grundlagen der allgem. Elektrotechnik
200/200 a Gottschald, Dt. Rechtschreibungswörterbuch
210 Bruhns-Ramdohr, Kristallographie
220/220 a Moser, Allg. Musiklehre
221/221 a Jander-Jahr-Knoll, Maßanalyse
222 Hassak-Beutel-Kutzelnigg, Warenkunde I
223 Hassak-Beutel-Kutzelnigg, Warenkunde II
226/226 a Hofmann, Gesch. der Mathematik I
228 Vogel, Landw. Tierzucht
231/231 a Ehrlich, Geschichte Israels
238 Krahe, German. Sprachwiss. I
243 Mahler-Graewe, Physikal. Aufgabensammlung
247/247 a Hofmann-Jander, Qualitative Analyse
250 Lausberg, Romanische Sprachwissenschaft II
252 Vetter, Elektrochemie I
253 Vetter, Elektrochemie II
257 Humburg, Gleichstrommaschine I
264 Lockemann, Gesch. der Chemie I
265/265 a Lockemann, Geschichte der Chemie II
270/270 a Kirn-Leuschner, Einführung in die Geschichtswissenschaft
274 Zietemann, Dampfturbinen I
279 Jacob-Hohenleutner, Quellenkunde der deutschen Geschichte I
280 Jacob-Hohenleutner, Quellenkunde der deutschen Geschichte II
281 Leisegang, Einführung in die Philosophie
282/282 a Haltenorth, Säugetiere
284 Jacob-Weden, Quellenkunde der deutschen Geschichte III
318/318 a Schmidt-Beckers, Industrielle Kraft- u. Wärmewirtschaft
319 Krug, Australien und Ozeanien
329 Scharrer, Agrikulturchemie I
330/330 a Scharrer, Agrikulturchemie II
335 Klug, Fette und Öle
336 Braun-Klug, Seifenfabrikation
342/342 a Körting, Heizung und Lüftung I
343 Körting, Heizung und Lüftung II
344 Moser, Musikästhetik
354/354 a Valentiner-König, Vektoren und Matrizen
355 Neger-Münch-Huber, Nadelhölzer
356 Lüdemann, Fische
374 Döring, Einf. i. d. th. Physik IV
375/375 a Preller, Geschichte Englands I
389/389 a Diels-Mattick, Pflanzengeographie
391 Kolms, Finanzwissenschaft II
394/394 a Schilling, Von der Renaissance bis Kant
414/414 a Tafel, Hebezeuge
422 Gottschald, Dt. Personennamen
423 Adler-Erlebach, Fünfstellige Logarithmen
432 Borchers, Metallkunde I
433/433 a Borchers, Metallkunde II
434 Borchers-Hanke, Metallkunde III
435 Burau, Algebr. Kurven und Flächen I
436/436 a Burau, Algebr. Kurven und Flächen II
439 Jaeckel, Würmer
440 Jaeckel, Weichtiere
441 Jaeckel, Stachelhäuter

442 Hannemann, Schwämme und Hohltiere
443 Gruner-Deckert, Krebse
444 Reichenow, Einzeller
445 Asmus, Physikal.-chem. Rechenaufgaben
447/447a Herter, Kriechtiere
448 Fechter, Manteltiere
452/452a Bahrdt-Scheer, Stöchiometr. Aufgabenslg.
468 Großmann, Vermessungskunde I
469/469a Großmann, Vermessungskunde II
476 Thum-Meysenbug, Werkstoffe des Maschinenbaues I
483 Henglein, Lötrohrprobierkunde
492/492a Stolz-Debrunner-Schmid, Geschichte der lateinischen Sprache
499 Niese-Küchler, Autogenes Schweißen
500 Simmel, Hauptprobleme der Philosophie
521/521a Marcard-Beyer, Dampfkessel II
536 Lehmann, Kant
538 Rumpf, Archäologie I
539 Rumpf, Archäologie II
540 Rumpf, Archäologie III
557 Nestle-Liebich, Gesch. der griech. Literatur II
561 Matthes, Werkzeugmaschinen I
562 Matthes, Werkzeugmaschinen II
564 Behn-Hoernes, Kultur der Urzeit I
565 Behn-Hoernes, Kultur d. Urzeit II
566 Behn-Hoernes, Kultur d. Urzeit III
571 Lehmann, Philosophie des 19. Jahrhunderts I
576/576a Moser, Gesangskunst
579 Müller-Schulze, Techn. Tabellen
580/580a Sedlaczek, Walzwerke
583/583a Engel, Maschinen der Eisenhüttenwerke
584/584a Müller, Kinematik
585 Dehnert, Verkehrswasserbau I
587 Kalitsunakis-Steinmetz, Neugriech.-dt. Gesprächsbuch
589 Tochtermann, Maschinenzeichnen I
590 Tochtermann, Maschinenzeichnen II
594 Lengerken, Insekten
597 Dehnert, Verkehrswasserbau II
601 Mutschmann-Scherer, Engl. Phonetik
608/608a/608b Erman-Krückmann, Hieroglyphen
619/619a Buchwald, Kristalloptik
665 Ludin-Borkenstein, Wasserkraftanlagen I
666/666a Ludin-Borkenstein, Wasserkraftanlagen II
668 Knopp, Funktionentheorie I
677 Altheim, Röm. Geschichte II
679 Altheim, Röm. Geschichte III
684 Altheim, Röm. Geschichte IV
691 Fauser, Kulturtechn. Bodenverbesserungen I
692 Fauser, Kulturtechn. Bodenverbesserungen II
698/698a Schulze, Allgemeine u. physikalische Chemie II
703 Knopp, Funktionentheorie II
708/708a/708b Meissner-Oberhuber, Keilschrift
709 Lehmann, Philosophie des 19. Jahrhunderts II
711/711a/711b Kesselring, Berechnung der Schaltgeräte
714/714a zur Megede, Technik selbsttätiger Regelungen
715 Zietemann, Dampfturbinen II
716 Zietemann, Dampfturbinen III
718 Neger-Münch-Huber, Laubhölzer
728/728a Pirani-Fischer-Runge, Graph. Darstellung in Wissenschaft u. Technik
735 Ekwall, Historische neuengl. Laut- und Formenlehre
746/746a Pfanzagl, Allg. Methodenlehre der Statistik I
747/747a Pfanzagl, Allg. Methodenlehre der Statistik II
756/756a Kalitsunakis, Gramm. d. Neugriech. Volksspr.
763/763a/763b Meyer, Hebräische Grammatik I
764/764a/764b Meyer, Hebräische Grammatik II
765/765a/765b Meyer, Hebräische Grammatik III
768/768a Bieberbach, Einführung in die konforme Abbildung

769/769a Beer-Meyer, Hebräisches Textbuch
770 Schlingloff, Religion des Buddhismus II
776/776a Kolms, Finanzwissenschaft III
780 Krahe, German. Sprachwiss. II
781 Weigert, Stilkunde II
782/782a Kolms, Finanzwissenschaft IV
786 Schulze, Molekülbau
796/796a Meiners-Wiesenewsky, Elektr. Höchstspannungs-Schaltanlagen
809 Moser, Harmonielehre I
810 Moser, Harmonielehre II
826 Koch, Philosophie d. Mittelalters
827/827a/827b Meyer, Elektromotorische Antriebe
831 Erismann, Allg. Psychologie I
832/832a Erismann, Allg. Psychologie II
833 Erismann, Allg. Psychologie III
834/834a Erismann, Allg. Psychologie IV
837/837a Baumgartner, Gruppentheorie
845 Lehmann, Philosophie im ersten Drittel des 20. Jhs. I
847 Herter, Lurche
850 Lehmann, Philosophie im ersten Drittel des 20. Jhs. II
851/851a Moede, Psychologie des Berufs- und Wirtschaftslebens
857 Capelle, Griech. Philosophie I
858 Capelle, Griech. Philos. II
859 Capelle, Griech. Philos. III
862 Großmann, Vermessungskunde III
863 Capelle, Griech. Philos. IV
866 Bieler, Röm. Literaturgeschichte II
869 Freye, Vögel
875 Hofmann, Geschichte der Mathematik II
877 Knopp, Aufgabensammlung zur Funktionentheorie I
878 Knopp, Aufgabensammlung zur Funktionentheorie II
881 Humburg, Gleichstrommaschine II
882 Hofmann, Geschichte der Mathematik III
883 Stuloff, Mathematik der neuesten Zeit
893 Treue, Dt. Geschichte von 1806 bis 1890
894 Treue, Dt. Geschichte von 1890 bis zur Gegenwart
896/896a Pokorny, Altirische Gramm.
902 Müller, Dynamik I
903 Müller, Dynamik II
910 Jaeger, Afrika I
911 Jaeger, Afrika II
915 Sperber-Polenz, Gesch. der Deutschen Sprache
917/917a Böhm, Versicherungsmathematik II
920/920a Hoheisel, Gewöhnliche Differentialgleichungen
921 Jantzen-Kolb, W. v. Eschenbach, Parzival
924/924a Brandenstein, Griechische Sprachwissenschaft III
929 Schirmer-Mitzka, Dt. Wortkunde
930 Krull, Elementare und klassische Algebra I
931 Hasse, Höhere Algebra I
932 Hasse, Höhere Algebra II
933 Krull, Elementare und klassische Algebra II
936 Thum-Meysenbug, Werkstoffe d. Maschinenbaues II
942/942a Damerau, Polnische Grammatik
952/952a Schäfer, Transformatoren
953 Zipperer, Techn. Schwingungslehre I
961/961a Zipperer, Techn. Schwingungslehre II
965 Dehnert, Wehr- und Stauanlagen
970/970a Baldus-Löbell, Nichteuklidische Geometrie
972/972a Herter-Urich, Vergleichende Physiologie der Tiere I
973/973a Herter-Birukow, Vergleichende Physiologie der Tiere II
978 Kleinlogel, Baustoffverarbeitung und Baustellenprüfung d. Betons
984 Graf, Baustoffe des Hoch- und Tiefbaus
999/999a Kamke, Mengenlehre
1000 Jaspers, Geistige Situat. der Zeit

1003 Hoheisel, Partielle Differentialgleichungen
1008/1008a Mellerowicz, Allgem. Betriebswirtschaftslehre I
1009 Bechert-Gerthsen-Flammersfeld, Atomphysik I
1014/1014a Huttenlocher-Ramdohr, Mineral- und Erzlagerstättenkunde I
1015/1015a Huttenlocher-Ramdohr, Mineral- und Erzlagerstättenkunde II
1017 Döring, Einf. i. d. th. Physik V
1020 Niese-Dienst, Elektrische Schweißverfahren
1031/1031a Apel-Ludz, Philosophisches Wörterbuch
1033 Bechert-Gerthsen-Flammersfeld, Atomphysik II
1034 Kranefeldt-Jung, Therapeutische Psychologie
1035 Altheim, Röm. Religionsgeschichte I
1039/1039a Dovifat, Zeitungslehre I
1040/1040a Dovifat, Zeitungslehre II
1044 Tölke, Talsperren
1045 Schubert, Technik des Klavierspiels
1051/1051a Stolberg-Wernigerode, Gesch. d. Vereinigten Staaten
1052 Altheim, Röm. Religionsgeschichte II
1059/1059a Hoheisel, Aufgabenslg. z. d. gew. u. part. Differentialgleichungen
1061 Grodzinski-Lechner, Getriebelehre I
1062 Grodzinski-Lechner, Getriebelehre II
1065 Haller-Dannenbauer, Von d. Karolingern zu den Staufern
1070 Sauter, Differentialgleichungen der Physik
1074 Koschmieder, Variationsrechnung I
1075 Koschmieder, Variationsrechnung II
1076/1076a Endres, Verbrennungsmotoren I
1077 Haller-Dannenbauer, Von den Staufern zu den Habsburgern
1078 Troche, Stahlbetonbau
1082 Hasse-Klobe, Aufgabensammlung zur höheren Algebra
1084/1084a Grigull, Techn. Thermodynamik
1085 Lietzmann-Aland, Zeitrechnung
1086 Müller, Dt. Dichten und Denken
1088 Preller, Gesch. Englands II
1092 Wickop, Fenster, Türen, Tore
1094 Hernried, System, Modulation
1096 Viëtor, Dt. Dichten und Denken
1099 Hoheisel, Integralgleichungen
1105 Hartung, Dt. Geschichte im Zeitalter der Reformation
1108 de Boor-Wisniewski, Mittelhochdeutsche Grammatik
1109 Knopp, Elemente der Funktionentheorie
1111/1111a Naumann-Betz, Althochdt. Elementarbuch
1113/1113a Strubecker, Differentialgeometrie I
1114/1114a Schubel, Engl. Literaturgeschichte I
1115/1115a/1115b Ranke-Hofmann, Altnord. Elementarbuch
1116 Schubel, Engl. Literaturgeschichte II
1117 Haller-Dannenbauer, Eintritt der Germanen in die Geschichte
1121 Naumann, Dt. Dichten u. Denken
1122 Jesch, Sprecherziehung
1123/1123a Bechert-Gerthsen-Flammersfeld, Atomphysik III
1124 Schubel, Engl. Literaturgeschichte III
1125 Lehnert, Altengl. Elementarbuch
1127 Hartmann, Geschlecht u. Geschlechtsbestimmung im Tier- und Pflanzenreich
1128 Buchner, Symbiose d. Tiere
1130 Dibelius-Kümmel, Jesus
1131 Scholz-Schoeneberg, Einführung in die Zahlentheorie
1132 Frühauf, Überspannungen
1134 Kuckuck, Pflanzenzüchtung I
1135 Lehnert, Beowulf
1137 Heil, Entwicklungsgesch. Pflanzenreiches
1138 Hämmerling, Fortpflanzung im Tier- und Pflanzenreich
1140 Unger, Induktionsmaschinen
1141 Koller, Hormone

1142 Meissner-Lehnert, Shakespeare
1144 Gehler-Herberg, Festigkeitslehre I
1145/1145 a Herberg-Dimitrov, Festigkeitslehre II
1146 Putz, Synchronmaschine
1147 Waltershausen, Kunst d. Dirigierens
1148 Pepping, Der polyphone Satz I
1152 Dehnert, Verkehrswasserbau III
1153/1153 a Mellerowicz, Allgem. Betriebswirtschaftslehre II
1154/1154 a Mellerowicz, Allgem. Betriebswirtschaftslehre III
1155 Schwartz, Mikrobiologie I
1156/1156 a Meinke, Komplexe Berechnungen v. Wechselstromschaltungen
1157 Schwartz, Mikrobiologie II
1158/1158 a Mayrhofer, Sanskrit-Grammatik
1159 Jungbluth, Gießereitechnik I
1160 Dibelius-Kümmel, Paulus
1161 Kaestner, Spinnentiere
1162 Seidel Entwicklungsphysiologie der Tiere I
1163 Seidel, Entwicklungsphysiologie der Tiere II
1164/1164 a Pepping, Der polyphone Satz II
1165/1165 a Bechert-Gerthsen-Flammersfeld, Atomphysik IV
Paulsen, Allgemeine Volkswirtschaftslehre I
1170 Paulsen, Allgemeine Volkswirtschaftslehre II
1171/1171 a Paulsen, Allgemeine Volkswirtschaftslehre III
1172 Paulsen, Allgemeine Volkswirtschaftslehre IV
1173/1173 a Hamann-Funke-Nollen, Chemie der Kunststoffe
1176/1176 a Lorenzen, Form. Logik
1177/1177 a Redeker, Schleiermacher
1178/1178 a Kuckuck, Pflanzenzüchtung II
1179/1179 a Strubecker, Differentialgeometrie II
1180/1180 a Strubecker, Differentialgeometrie III
1181 Franz, Topologie I
1182/1182 a Franz, Topologie II
1183/1183 a Nicolas, Finanzmathematik
1184/1184 a Endres, Verbrennungsmotoren II
1185/1185 a Endres, Verbrennungsmotoren III
1186/1186 a Mellerowicz, Allgem. Betriebswirtschaftslehre IV
1187 Lau, Luther
1188/1188 a Lehmann, Photogrammetrie
1189/1189 a Päsler, Mechanik
1190 Stupperich, Melanchthon
1191/1191 a Bräuer, Slav. Sprachwissenschaft I
1192/1192 a Bräuer, Slav. Sprachwissenschaft II
1193 Fürstenberg, Wirtschaftssoziologie
1194/1194 a Wendt, Gesch. d. Volkswirtschaftslehre
1195 Ohm, Allgem. Volkswirtschaftspolitik I
1196/1196 a Ohm, Allgem. Volkswirtschaftspolitik II
1197/1197 a Onasch, Konfessionskunde der orthod. Kirchen
1198 Engel, Straßenverkehrstechnik
1199 Lausberg, Romanische Sprachwissenschaft III, 1. Teil
1200/1200 a Lausberg, Romanische Sprachwissenschaft III, 2. Teil
1201/1201 a Dehn, Versuche zur allgem. u. phys. Chemie
1202/1202 a Nagel, Gesch. des christl. Gottesdienstes
1203 Wendland, Sozialethik
1204 Scheurig, Zeitgeschichte
1205/1205 a Hofmann, Ideengeschichte d. soz. Bewegung
1206/1206 a Langen, Lineare Programmierung
1208 Lausberg, Romanische Sprachwissenschaft IV
1209/1209 a Bock, Therm. Verfahrenstechnik I
1210/1210 a Bock, Therm. Verfahrenstechnik II
1211/1211 a Bock, Therm. Verfahrenstechnik III
1212/1212 a Hilf, Arbeitswissenschaft
1213/1213 a Kosiol, Buchhaltung und Bilanz

1216/1216a Bauer, Wahrscheinlichkeitstheorie I
1217 Bauer, Wahrscheinlichkeitstheorie II
1218/1218a/1218b Meid, German. Sprachwiss. III
1219 Schmidt-Clausing, Zwingli
1220/1220a Zemann, Kristallchemie
1221 Gerdes, Kierkegaard
1222/1222a Tschižewskij, Slav. Literaturen I
1223/1223a Tschižewskij, Slav. Literaturen II
1224/1224a/1224b Wedepohl, Geochemie
1225/1225a Schneider-Jurksch, Datenverarbeitungsanlagen
1226/1226a/1226b Weinstock, Mittelengl. Elementarbuch
1227/1227a Wedig, Übungsaufgaben zu A. Paulsen, Allgem. Volkswirtschaftslehre I/II

Autorenregister

FSC
www.fsc.org
MIX
Papier | Fördert
gute Waldnutzung
FSC® C083411

Kolibri 360 GmbH
Ferdinand-Jühlke-Straße 7
99095 Erfurt, Deutschland
produktsicherheit@kolibri360.de